아이중심 창의놀이

엄마표 NO! 활용도100% 아이 주도 놀이 160

아이중심
창의놀이

최연주 · 정덕영

SOULHOUSE

몰입하는 놀이의 창조적 효과

인간의 성장을 돕는 전인적 발달은 유아기에서부터 시작됩니다. 많은 아동발달학자는 '놀이'를 신체적 발달, 사회적 발달, 인지적 발달의 핵심 키워드라는 사실을 늘 강조하고 있습니다. 좀 더 학문적으로 설명하자면 '놀이'는 스스로의 동기에 의해 일어나야 하며, 즐거워야 하고, 목표가 없어야 합니다. 여기서 목표가 없다는 것은 '목적을 생각하지 않는 활동'이라는 뜻입니다. 이 부분이 중요합니다. 놀이는 아이가 주도적으로 창조성을 불러내는 활동으로, 이를 통해 아이 스스로 놀라운 자기 성장을 할 수 있습니다.

아이들은 생활의 다양한 놀이를 통해 세상의 모든 자극들을 몸속에 차곡차곡 쌓고, 이를 통해 자가 발달을 이루어갑니다. 특히 유아기에는 양육자와 아이가 서로를 바라보며 웃음을 주고받고, 반응을 나누며, 신체적인 접촉을 하며 서로의 신뢰와 애착을 확인합니다. 이러한 과정에서 다양한 자극들이 아이의 뇌로 전달됩니다. 앞으로 경험해야 하는 세상에 대한 여러 통로를 체득할 수 있게 되는 것입니다. 이것을 다르게 말하면 '신뢰감'을 쌓는 과정입니다. 신뢰감은 아이가 세상을 살아가는 데 가장 기본이 되는 정서이자 세상을 살아갈 힘입니다. 신뢰감이 형성되면 그 어떤 문제가 발생하더라도 문제를 주도적으로 해결해 나갈 수 있습니다.

이러한 신뢰감은 아이 스스로가 놀이의 주체가 될 때 더욱 그 빛을 발합니다. 오랜 기간 아이들의 미술 심리 상담을 한 경험을 미루어 보아도 그러합니다. 아이들은 자신의 결정에 따라 원하는 것을 주도적으로 행하는 놀이를 통해 자신이 이 세상 속에서 온전히 살아가고 있다는 안정감과 신뢰감을 가지게 됩니다. 자기 생각을 스스로 창조해 내고 그것을 이루어가며 재차 '나'의 존재감을 인식해 나가는 것이지요.

골똘히 고민하던 아이가 순간 번뜩이는 아이디어를 끄집어내어 다양한 놀이 도구로 다양한 캐릭터를 만들어 냅니다. 큰 도화지에 마음껏 그림을 그리다가도, 신나게 노래를 만들어 부릅니다. 그러는 동안 눈빛이 반짝거립니다. 화가 났거나 불만이 많아 복잡했던 감정들은 모두 씻은 듯이 사라지고, 자신감과 활력만 살아납니다. 적어도 놀이를 하는 순간에는요.

놀이에서 아이의 주도성을 인정해 주세요

양육자와의 놀이가 아이에게 주는 의미는 큽니다. 아이의 모든 놀이에는 대상이 있습니다. 아이들은 대상과의 놀이에서 '대인관계 기술' 및 '사회성 함양'이라는 중요한 부분을 배웁니다. 놀이에서 아이는 많은 것을 생각하고 판단합니다. 주인공은 어떻게 되어야 할지, 상대방에 대한 배려는 어떻게 해야 할지, 이러한 놀이가 주변 사람들한테는 어떤 영향을 줄지…. 이렇게 아이들은 놀이의 과정 안에서 양육자의 소통을 모방하고 간접 경험을 통해 세상을 살아가는 방법을 학습합니다.

그래서 더더욱 양육자는 놀이 활동 속에서 아이의 주도성을 놓쳐서는 안 됩니다. 아이의 놀이를 그대로 믿고 따라 주세요. 주도성을 인정받으며 놀이의 경험을 한 아이들은 자연스레 '신뢰감'이 쌓이고, 이후 자신에 대한 믿음이 확장되어 학교에서도, 직장에서도, 다시 어른이 되어 가족을 이루어서도 건강한 관계를 만들어나갈 것입니다.

《아이 중심 창의 놀이》에서는 놀이에 목마른 아이들에게 제시할 수 있는 다양한 주제의 놀이를 소개하고 있습니다. 자발적이고, 즐겁고, 목표 없이 창의성을 끌어낼 수 있는 재미있는 놀이, 신선한 아이디어가 번뜩이는 놀이로 가득합니다. 사진과 설명만으로도 충분히 그 방법을 쉽게 이해할 수 있으니 양육자로서 아이와 소통하고 공감하는 능력을 업그레이드하기 위해서라도 오늘부터 하루에 하나씩, 아이가 주도하는 놀이를 시작해 보시기 바랍니다. 아이의 놀이를 잘 따라가 주고, 하나하나 공감해 주시면 좋겠습니다. 아이들은 우리가 생각하는 것보다 훨씬 더 크고 무궁무진한 가능성을 가지고 있으니까요.

엄마와 딸 미술치료연구소 대표 오희정

세상에 호기심과 관심을 가지기 위해서는 자기 탐색과 자기 이해가 바탕이 되어야 합니다. 그리고 그 길로 나가기 위한 도구가 바로 다양한 놀이입니다. 아이들의 축제인 놀이판에서 놀아 본 아이는 그 안에서 관계를 배우고, 다양한 기술을 익히며, 신체를 발달시키고, 감성을 발달시킵니다. 그리고 그 즐거운 기억이 어려운 순간에 고통과 절망을 넘어설 수 있는 가장 큰 힘이 됩니다. 《호모 루덴스》의 저자 호이징거는 '놀이를 아는 것은 마음을 아는 것'이라고 했습니다. 이제 아이들의 마음을 알 수 있는 그 신기한 여행을 《아이 중심 창의 놀이》와 함께 떠나 보는 건 어떨까요? 옥수수 알맹이처럼 빼곡히 잘 넣어둔 많은 놀이를 하나씩 따라 하면서요.

– 성미산어린이집 원장 달팽이

독박 육아 4년, 아빠는 밥 짓는 일도, 아이를 씻기고 입히고 재우는 그 모든 일이 여태 서툴다. 놀이라고 뭐 다를까. 밑천이 바닥난 지 오래다. 씨름과 말타기 따위 뻔한 몸 놀이도 잠깐이다. 아이는 지루하다고, 놀자고 보채는데 아빠는 자꾸 먼 산만 바라본다. 마른논에 물 대는 심정으로 찾은 이 책에 아이디어가 반짝거린다. 따라 하기 쉬워서 좋다. 자연물 놀이 부분이 특히나 반갑다. 골목길 재활용 쓰레기들이 자꾸만 놀잇감으로 보인다.

– 일곱 살 까칠한 아이와 놀다 지치기 일쑤인 초보 아빠 동팔랑

시도 때도 없이 심심해하는 세 아이에게 좋은 아빠 되기란 어려운 숙제다. 그 숙제를 시원하게 도와주는 참고서 같은 책! 심지어 재미있고 예쁘다. 간단한 자연물과 재료로 아이들도 쉽게 만들 수 있는 아이디어가 넘치는 작품들이 가득하다. 친구 같은 부모가 되고픈 나와 같은 아빠들에게 선물 같은 책이다.

– 준후, 온후, 나후 세 남매의 아빠 호두

"놀아 줘! 심심해! 유튜브 동영상 보여 줘!"를 외치는 아이에게 엄마가 함께 놀아 준다는 건 나름 재미있게 '동화책 읽어주기'가 전부였던 내게 "유레카!"를 외치게 한 보석 같은 책. 많은 재료도 필요하지 않고, 손재주가 필요하지도 않아요. 책을 따라 만들다 보면 어느새 재미있는 놀잇감이 뚝딱이네요.

– 다섯 살 터울의 남매를 키우며 쉽지 않은 육아로 미안한 엄마 봉봉

그간의 놀이책과는 다르다. 부모가 책을 펴 자녀에게 놀이를 알려주는 형태가 아닌 아이가 스스로 책을 펴 놀이를 주도하고 확장할 수 있도록 쉽게 담아낸 '아이 주도 놀이책'이다. 무계획이 그날의 계획이 되고, 서툴고 느려도 함께하는 것이 행복한 나의 예훈, 예준과의 하루가 이 책 덕분에 더 특별해질 수 있으리라 믿으며 두 아이의 친구들에게 이 책을 추천한다.

– 《아이와 함께 10개월 잘 먹기》 저자이자 두 아들의 엄마 이지연

대형 마트에서 사는 장난감은 비싼 가격에 비해 금세 흥미를 잃어버려서 아까울 때가 많아요. 이 책은 손쉽게 구할 수 있는 재료로 놀잇감을 뚝딱 만들어 놀 수 있는 방법을 알려 줍니다. 만들기에 영 자신 없는 엄마이지만 이젠 부담을 덜었습니다.

– 북적북적 네 아이의 엄마 조경수

집 안에 장난감이 넘쳐나지만 유독 에너지가 많은 6세 아이는 늘 놀이에 갈증을 느끼더군요. 고민하던 차에 만난 단비 같은 책입니다. 준비할 재료가 간단하고, 언제 어디서든 활용하기 좋습니다. 무엇보다 아이가 느끼는 즐거움을 지켜보는 것이 행복하네요. 아이와의 놀이 시간에 갈증을 느끼는 많은 부모에게 꼭 권하고 싶습니다.

– 에너지 넘치는 단테와의 놀이 시간이 행복해진 엄마 임예지

틈만 나면 스마트폰을 보던 아이가 이제 엄마를 부릅니다. 이 책에 나온 놀이를 하고 싶다고요. 쉽게 구할 수 있는 재료로, 아이 스스로 만들어 놀 수 있어서 아이뿐 아니라 부모도 행복해집니다. 무엇보다 육아에 대한 자신감이 부족했던 제게 용기와 희망을 준 고마운 책입니다.

– 늦은 출산에 행복한 엄마 권도선

방법을 몰라 아이와 놀아 주는 게 힘들다고요? 저는 이 책에서 해답을 찾았답니다! 기존의 엄마표 놀이책에서는 발견할 수 없었던 새로운 아이디어들이 가득하거든요. 이 책과 함께라면 아이도 엄마도 행복해지는 하루하루가 될 거예요.

– 우당탕 하루도 조용할 날 없는 세 아이의 행복한 엄마 김은주

"엄마, 이 박스 절대 버리지 마!"

지유는 장난감을 좋아합니다. 그런데 언제부터인가 지유가 장난감을 가지고 노는 것보다 장난감을 사는 걸 더 즐거워하고 있다는 생각이 들었습니다. 그렇게 조르고 졸라서 사 준 장난감도 며칠 못가 구석에 내팽개치고는 다른 장난감을 사 달라고 졸랐거든요.

'이런 식으로는 안 되겠어!' 소비를 절제하는 방법을 가르쳐 주리라 마음먹고 장난감 사주는 횟수를 줄였습니다. 1년에 딱 세 번, 어린이날과 생일, 크리스마스에만 사 주기로 했지요. 그것도 비싸지 않은 것으로요. 그런데 그 결정은 의외의 효과를 가져왔습니다.
엄마가 장난감을 사 주지 않자 '코코몽 집'을 사달라며 한 달 내내 떼를 쓰며 조르던 아이는 결국 지쳤는지 다른 놀이를 찾기 시작했습니다. 한두 번 놀다가 처박아놓았던 장난감을 하나씩 다시 꺼내어 놀기도 하고, 그나마 마음껏 쓸 수 있는 스케치북과 색종이로 이것저것 그리고 만들더군요. 그리고 어느 순간 지유는 손으로 뜯기 좋은 종이테이프를 남발하며 종이 상자와 잡동사니를 끌어안고 무언가를 만들며 놀기 시작했습니다.

"엄마, 이 상자 버리지 마!", "이걸로 침대 만들면 재밌겠지?" 덕분에 우리 집은 종이 상자와 포장지, 포장용 리본, 충전제, 에어캡 등의 재활용품들이 넘쳐납니다. 큰 상자라도 생기면 마치 좋은 식자재를 바라보는 요리사처럼 온 가족이 함께 모여 "이걸로 뭘 만들까?" 즐거운 논의를 시작하지요.

아이들에게는 주위의 모든 것이 장난감이 될 수 있습니다. 어른의 눈에는 잡동사니에 불과하더라도 한 시간, 두 시간 몰입하며 무언가를 만들고, 그것에 의미를 부여하는 것은 아이이기 때문에 가능한 놀이의 순간입니다.

아이들은 성장합니다. 지금은 엄마 아빠와 함께 만든 잡동사니 장난감에 애착을 보이며 즐겁게 놀지만 몇 년이면 놀이의 대상이 바뀔 겁니다. 반대로 말하면 아이가 스스로 즐겁게 몰입하며 무언가를 만들어내는 이 놀이는 지금밖에 할 수 없는 놀이입니다. 그래서 지금 이 순간, 아이와 함께하는 행복한 놀이의 시간을 기록으로 남기기로 했습니다. 이 책에 소개한 놀이로 부모와 아이가 일상을 놀이로 채울 수 있기 바라면서요.

이 책에 실린 놀이는 지유와 함께 직접 만들면서 놀았던 놀이가 대부분입니다. "어머, 따라 하기 쉽네! 그런데 재미있는걸?" 이러한 반응을 보일만 한 놀이로 골라 실었습니다.
무엇보다 아이가 직접 만드는 과정에 참여해야 한다는 원칙을 세우고 지키려고 했습니다. 재료는 단순하게, 만드는 과정에서 부모의 개입은 최소화, 그러나 함께 놀 수 있고, 활용도가 높을 것! 부모가 땀 흘리며 준비했지만 아이는 잠깐 놀다 팽개쳐버리는 놀이가 아니라 아이가 놀잇감을 만드는 과정을 재미있게 즐길 수 있는 놀이인지 오랫동안 고민하며 실었습니다.
어린 시절부터 직접 만든 놀잇감으로 놀아왔던 지유 아빠는 공작 놀이에서 큰 도움을 주었습니다. "이거 살짝만 손보면 진짜로 소리 나는데?", "이렇게 고치면 잘 움직이는데?" 하며 만든 결과물을 업그레이드 시켜 주었고 사진 촬영도 도맡아 해 주었습니다.

이 책을 준비하면서 감사한 분들이 참 많습니다. 무엇보다 밤늦은 시간까지 이어진 촬영에도 보채지 않고 도와준 지유와 이 모든 과정을 함께해 준 지유 아빠, 재활용품을 모아주신 이웃들, 촬영을 도와준 성미산 친구들, 고맙습니다. 책을 낼 수 있게 용기를 주며 디자인 작업을 해 주신 선배님, 부족하기 그지없는 원고를 다듬어 준 이십년지기 친구, 초보 저자에게 책을 함께 만들어 보자고 선뜻 손 내밀어 준 소울하우스에게 정말 감사드립니다. 그리고 이 모든 일을 주관하신 주님께 감사드립니다.

지유 엄마 도로시 최연주

차례

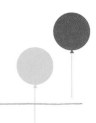

장난감 놀이

상상 놀이

몸 놀이

 ## 창작 놀이 그리기

 ## 창작 놀이 만들기

인지 놀이

탐구 놀이

자연물 놀이

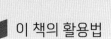

이 책의 활용법

이 책으로 아이와 즐거운 놀이 시간을 보내는 방법

1. 책을 펼치고 아이에게 만들고 싶은 것을 고르게 합니다.

2. 준비물을 준비해 주고 아이가 스스로 책을 보며 만들 수 있도록 합니다.

3. 엄마가 도와주어야 할 단계만 개입하여 도와줍니다(주의 마크를 참고하세요).

4. 결과물은 중요하지 않습니다. 만드는 과정을 놀이로 즐길 수 있도록 합니다.

♥ 엄마는 같이 놀아 줄 마음의 여유만 준비하세요.

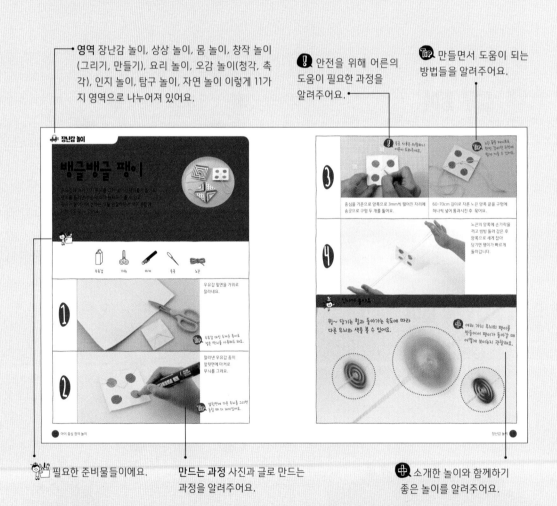

영역 장난감 놀이, 상상 놀이, 몸 놀이, 창작 놀이 (그리기, 만들기), 요리 놀이, 오감 놀이(청각, 촉각), 인지 놀이, 탐구 놀이, 자연 놀이 이렇게 11가지 영역으로 나누어져 있어요.

❗ 안전을 위해 어른의 도움이 필요한 과정을 알려주어요.

💬 만들면서 도움이 되는 방법들을 알려주어요.

👧 필요한 준비물들이에요.

만드는 과정 사진과 글로 만드는 과정을 알려주어요.

✚ 소개한 놀이와 함께하기 좋은 놀이를 알려주어요.

14

쓸모 있는 재활용품은 버리지 말고 따로 모아두세요!

휴지 심, 각 티슈 상자, 키친타월 심, 우유갑, 페트병 뚜껑, 신문지, 종이 상자 등

집에 있는지 확인해요!

칼, 가위, 자, 목공풀, 양면테이프, 박스테이프 등

미리 사두면 좋아요!

종이테이프(색이 다양할수록 좋아요), 무늬 색종이, 컬러 고무밴드, 빨대, 아이스크림 막대,
풍선, 색 절연테이프, 도트 스티커, 눈 스티커, 비즈 스티커 등

추천하고픈 재료가 있나요?

마카는 POSCA 수성마카를 추천해요. 우유갑이나 돌멩이, 종이 접시 등
다양한 재료에 잘 그려지고 수성페인트처럼 마르면 지워지지 않아요.
화방이나 온라인 화방 사이트에서 살 수 있어요.
(https://hwabang.net)
넓은 면을 꾸미려면 무늬 색종이가 좋아요. 결과물을 한층 업그레이드 시켜 주지요.
이 책에서 주로 사용한 색종이는 키티버니포니의 패턴 색종이에요.
키니버니포니 사이트에서 판매하고 있어요.(http://kittybunnypony.com)

휘리릭 빨대 혓바닥

아이들은 어른들이 예상치 못한 것에 환호합니다.
어른의 눈엔 단순하기 그지없는 놀이도 수없이 반복하지요.
빨대 혓바닥도 그런 놀잇감의 하나입니다.
훅 불면 날름날름 뱅글뱅글 기다란 혓바닥이 되거든요.

빨대   가위

빨대와 가위를 준비해요.
가위는 끝이 뾰족하여
정교하게 오릴 수 있는
것이 좋아요.

빨대의 한쪽 끝에서 시작
하여 나선 모양으로
가위질을 해요. 최대한
촘촘히 오리는 게 좋아요.

 힘 조절이 안 되면
빨대가 그냥 잘려
버릴 수도 있으니 어른이
도와주세요.

③

빨대 길이의 1/2 지점까지
오리면 돼요.

④

반대쪽을 입에 물고 힘껏
불면 휘리릭 움직여요.

여러 색의 빨대 혓바닥을
만들어 한꺼번에 붙거나
친구들과 함께 불어요.

신나게 놀아요

메~롱

빨대를 힘껏 불어서
혓바닥을 이리저리
움직여 봐요.

꿈틀꿈틀 모루 몬스터

보송보송하고 쉽게 구부러지는 모루는 다양한 활용이
가능한 재료입니다. 모루를 구부려 원하는 모양을
만들어 보는 것만으로도 재미있는 활동이 되지요. 이러한
모루를 이용하여 다양한 모양의 몬스터들을 만들어 봅시다.

휴지 심	사인펜	펀치	모루	구부러지는 빨대

 1

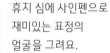

휴지 심에 사인펜으로
재미있는 표정의
얼굴을 그려요.

Tip 눈 스티커를 붙여서
꾸며도 좋아요.

 2

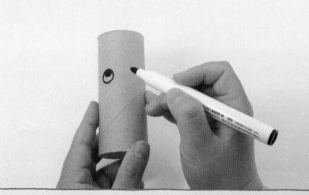

휴지 심의 위, 아래에
펀치로 구멍을 여러 개
뚫어요.

3

모루 끝 철심이
날카로울 수 있으니
주의하세요.

적당한 길이로 잘라둔
모루를 구멍에 자유롭게
꽂아서 모루 몬스터를
만들어요.

 신나게 놀아요

나는 빨대 몬스터!

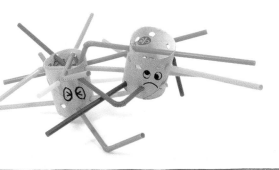

모루나 빨대로 2개의 휴지 심을
연결하면 색다른 형태의
몬스터를 만들 수 있어요.

누구 손이게?

등을 콕 찌르고 나 잡아 봐라~ 하며 도망가는 놀이는
어린 시절의 우리도, 그리고 지금 아이들도 너무 즐거워하는
놀이입니다. 비닐장갑으로 커다란 장난감 손을 만들어 놀면
아이들의 웃음소리가 열 배는 더 커진답니다.

일회용 비닐장갑

비닐 노끈(습자지)

박스테이프

키친타월 심

비닐장갑의 손목 부분을
바깥쪽으로 접어 올려요.

비닐 노끈을 엄지손가락
부터 꾹꾹 밀어 넣어요.
얇은 습자지나 에어캡을
사용해도 좋아요.

3 손목까지 채운 다음 접어 둔 부분을 내리고 키친타월 심을 안쪽까지 밀어 넣어요.

4 비닐장갑의 손목 부분을 잘 오므리고 박스테이프로 감아서 마무리해요.

신나게 놀아요

나 잡아 봐라~

가위, 바위 모양도 만들어 가위바위보 놀이를 해요.

스펀지 테이프 미로

미로는 아이들의 사고력과 탐구력을 높이며 몰입할 수 있는 좋은
놀이입니다. 방한용 스펀지 테이프를 박스지에 붙여서 미로를
만들어 봅시다. 아이가 직접 미로의 구조를 설계해 보고
그대로 미로를 완성하면서 성취감을 느낄 수 있습니다.

박스지	연필	스펀지 테이프	가위	이쑤시개	종이테이프	구슬(작은 공)

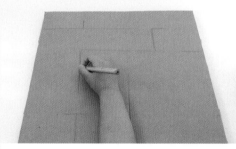

어떤 미로를 만들면 좋을지 생각해보고 박스지에
연필로 밑그림을 그려요.

스펀지 테이프를 3~4cm 길이로 수십 개 잘라요.

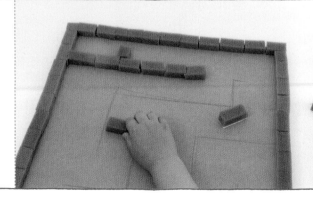

밑그림을 따라 스펀지
테이프 조각을 이어
붙여요.

 스펀지 테이프 사이에
빈틈이 있으면 구슬이
빠져나갈 수 있으니
최대한 이어 붙여요.

이쑤시개 한쪽에 종이 테이프를 붙여 작은 깃발 두 개를 만들고, 미로의 출발점과 도착점에 꽂아서 미로를 완성해요.

미로 판을 들고 구슬이 도착점까지 굴러가도록 좌우로 움직여요.

왼쪽, 오른쪽! 이야, 도착이다!

달팽이 모양, 지그재그 모양 등 여러 가지 모양의 미로를 만들어 보세요.

고무장갑 몬스터

고무장갑과 종이컵을 이용해서 괴물이 튀어나오는 깜짝 상자를
만들어 볼까요? 아이들의 큰 웃음소리를 들을 수 있을 거예요.
엄마나 아빠가 아이와 번갈아 불면서 함께 놀기에도 좋습니다.

 | | | | | |

얇은 고무장갑   네임펜   종이컵   송곳   볼펜   고무밴드   빨대

1

고무장갑 손등에 재미있는
괴물 얼굴을 그려요.

❗ 잘 지워지지 않도록
네임펜으로 그려요.

2

❗ 송곳 사용은 위험하니
어른이 도와주세요.

송곳으로 종이컵 아래쪽에 구멍을 뚫고
볼펜으로 구멍을 빨대 두께로 넓혀요.

3

❗ 바람이 새어 나오지 않도록
셀로판테이프로 감싸도 좋아요.

고무장갑을 종이컵에 씌우고 고무밴드로
고정해요.

4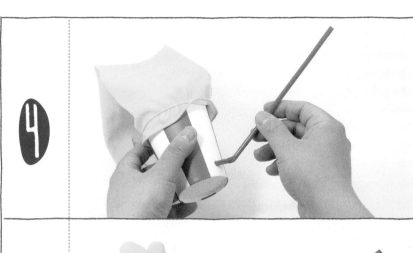

종이컵 아래에 뚫어 놓은
구멍에 빨대를 끼워요.

5

고무장갑을 종이컵 안으로
잘 집어넣고 빨대로 바람을
불어넣으면 몬스터가 튀어
나와요.

신나게 놀아요

앗! 깜짝이야!

엄마나 아빠와
번갈아 불어 봐요.

어디 불어 볼까?

오잉, 뭐지?

만능 집게

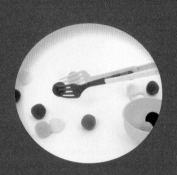

나무젓가락과 플라스틱 포크, 빨래집게로 무엇이든 집을 수 있는
만능 집게를 만들어 봐요. 놀기만 하고 정리는 나 몰라라 하는
아이에게 정리가 놀이가 되는 경험을 줄 수 있습니다.
더불어 아이들의 손근육, 팔근육도 발달합니다.

나무젓가락 2쌍   플라스틱 포크 2개   빨래집게   셀로판테이프

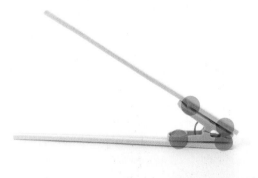

빨래집게 양쪽에
나무젓가락 한 쌍씩을
셀로판테이프로
튼튼하게 붙여요.

나무젓가락의 끝에
일회용 플라스틱 포크를
셀로판테이프로 붙여요.

! 이때 포크의 끝이 안으로
향하게 붙여야 해요.

③

빨래집게 쪽을 손으로 잡고 눌러요.

TiP 정리 습관을 들이려면 엄마나 아빠가
함께 정리하는 것이 좋아요.

블록 놀이를 한 후 만능 집게로 정리 놀이를 해요.

🐰 신나게 놀아요

✚ 쓰레기 집기도 만능 집게만 있으면
문제없어요. 집 밖으로 나가서
쓰레기나 돌멩이도 집어 봐요!

우아,
정리 대장이다!

뱅글뱅글 팽이

우유갑에 여러 가지 무늬를 그려 넣어서 팽이를 만들어요.
팽이를 돌리면서 손의 조작 능력도 기를 수 있고
팽이가 돌아가며 변하는 색을 관찰하면서 색의 혼합에
대해서도 알 수 있어요.

우유갑	가위	마커	송곳	노끈

우유갑 밑면을 가위로
잘라내요.

Tip 우유갑 대신 두꺼운 종이로
접은 딱지를 사용해도 돼요.

잘라낸 우유갑 종이
앞뒷면에 마커로
무늬를 그려요.

Tip 앞뒷면에 다른 무늬를 그리면
돌릴 때 더 재미있어요.

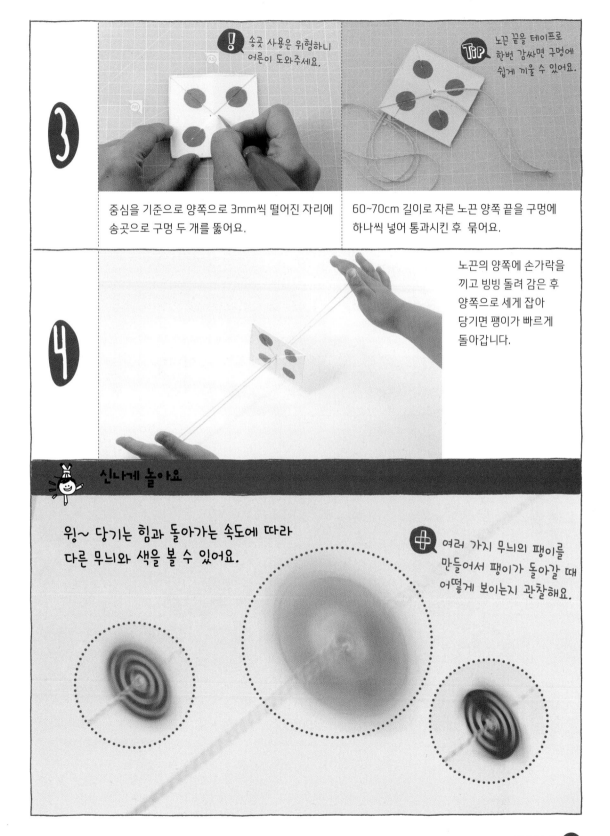

3

송곳 사용은 위험하니
어른이 도와주세요.

TIP
노끈 끝을 테이프로
한번 감싸면 구멍에
쉽게 끼울 수 있어요.

중심을 기준으로 양쪽으로 3mm씩 떨어진 자리에
송곳으로 구멍 두 개를 뚫어요.

60~70cm 길이로 자른 노끈 양쪽 끝을 구멍에
하나씩 넣어 통과시킨 후 묶어요.

4

노끈의 양쪽에 손가락을
끼고 빙빙 돌려 감은 후
양쪽으로 세게 잡아
당기면 팽이가 빠르게
돌아갑니다.

신나게 놀아요

윙~ 당기는 힘과 돌아가는 속도에 따라
다른 무늬와 색을 볼 수 있어요.

여러 가지 무늬의 팽이를
만들어서 팽이가 돌아갈 때
어떻게 보이는지 관찰해요.

종이 접시 가방

아이들에게도 외출할 때 필요한 물건이 많습니다. 휴지도
필요하고, 과자도 필요하고, 장난감 친구도 함께 데려가야 하죠.
종이 접시와 리본을 이용해서 아이가 외출할 때 가볍게
들고 나갈 수 있는 멋진 가방을 만들어 봅니다.

종이 접시 2개	종이테이프	송곳	가위	리본	풀	색종이

1

종이 접시 2개를 겹친 후
가방의 입구가 될 부분을
잘라요.

TIP 종이 접시는 탄성이 없으니
입구를 크게 만드는 게 좋아요.

2

! 송곳 사용은 위험하니
어른이 도와주세요.

접시를 안쪽이 마주 보게
포갠 다음 테두리를 종이
테이프로 붙여서 임시로
고정해요.
그런 다음 테두리 부분에
송곳으로 리본 구멍을
일정한 간격으로 여러 개
뚫어요.

③

리본을 1m 길이로 길게
자른 후 접시 2개의
구멍을 한꺼번에 꿰어요.

Tip 리본 끝을 테이프로 한 번
감싸면 구멍에 쉽게
끼울 수 있어요.

④

아이의 키에 맞춰 리본의
길이를 조절하여 자른 뒤
끝을 묶어서 가방을
완성해요.

Tip 색종이를 오려 붙여
멋지게 꾸며요.

신나게 놀아요

좋아하는 물건을 가방에 넣고
외출 놀이를 해요.

 리본 길이를 조절하면 손에
드는 핸드백이 돼요.

접시 왕관

흔히들 왕관이라고 하면 반짝이는 보석이 달린 모양을 떠올리기
쉽습니다. 하지만 조금만 달리 생각하면 얼마든지 다른 모양의
왕관을 만들 수 있습니다. 색색의 종이 접시를 좋아하는 모양으로
오려서 특별한 왕관을 만들어 봅니다.

컬러 종이 접시   연필   가위

종이 접시를 반으로 접은
후, 원하는 장식물 모양의
절반을 연필로 그려요.

종이 접시가 접혀 있는 상태에서 자칫
장식물을 잘라내지 않도록 주의해서
오려요.

이때 테두리의 두께는 정수리에 맞게
오리면 돼요.

접시를 펼친 다음 장식을
수직으로 접어서 세우면
왕관이 됩니다.

 신나게 놀아요

요정나라 공주님 같지 않나요?
꽃, 하트 등 여러 가지 모양의
왕관도 만들어 보세요.

포일 프라이팬

숟가락과 알루미늄 포일로 여러 가지 주방용품을 만들어 볼까요?
요즘은 실제와 다를 바 없이 정교한 소꿉 장난감들을 쉽게
살 수 있지만, 아이가 직접 소꿉놀이 장난감을 만들면
더 신나게 놀기 마련입니다.

알루미늄 포일   숟가락   먹거리 장난감

알루미늄 포일을 펼친 뒤
숟가락의 머리 부분을
겹치게 올려놓아요.

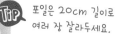

포일은 20cm 길이로
여러 장 잘라두세요.

숟가락 머리 부분을 크고
둥글게 감싸요.

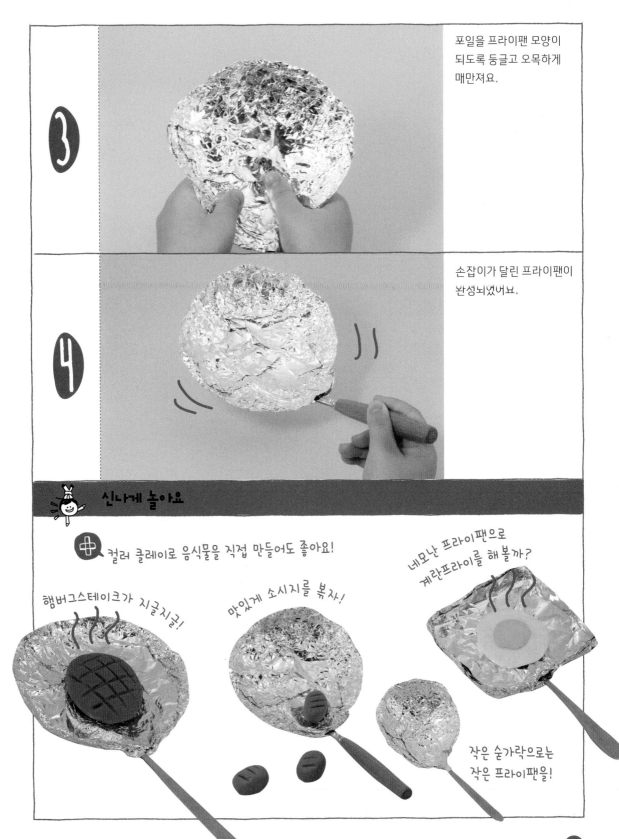

③ 포일을 프라이팬 모양이
되도록 둥글고 오목하게
매만져요.

④ 손잡이가 달린 프라이팬이
완성되었어요.

신나게 놀아요

컬러 클레이로 음식물을 직접 만들어도 좋아요!

햄버그스테이크가 지글지글!

맛있게 소시지를 볶자!

네모난 프라이팬으로
계란프라이를 해 볼까?

작은 숟가락으로는
작은 프라이팬을!

줄무늬 물고기

알록달록 여러 가지 색의 고무밴드를 걸며 놀 수 있는 물고기
장난감을 만들어 봅니다. 탄성이 있는 고무밴드를 잡아당기거나
늘려서 거는 활동은 아이의 손가락 힘을 키워주고 소근육
발달에도 도움을 줍니다.

박스지	연필	가위	칼	자	붓	물감	컬러 고무밴드

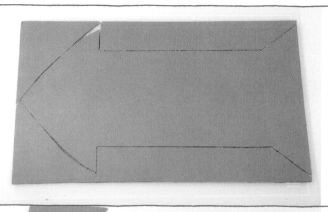

박스지에 화살표 모양의
물고기를 그려요.
머리 부분은 살짝 굴려
그려요.

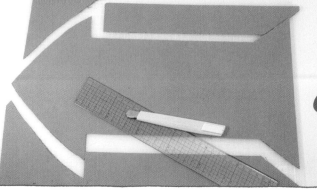

칼과 가위, 자를 이용해서
물고기 모양을 오려 내요.

 칼 사용은 위험하니
어른이 도와주세요.

3 물고기의 얼굴과 꼬리 부분을 물감으로 꾸며요.

4 이제 색색의 고무밴드를 걸어 물고기를 예쁘게 꾸며 볼까요?

신나게 놀아요

색색의 고무밴드를 물고기 몸통에 끼웠다 뺐다 하며 놀아요.

물고기 몸에 털실을 감아 옷을 입혀 주는 것도 재미있어요.

싹둑싹둑 미용사

인형의 머리카락을 마음대로 싹둑싹둑 잘라 보는 것은 아이들이
쉽게 할 수 없는 신나는 경험입니다. 또한 가위질은 집중력과
소근육 발달에 도움을 주는 활동이기도 합니다. 미용사가 되어
자유롭게 가위질을 할 수 있는 머리카락 인형을 만들어 봅니다.

색지(A4)	가위	풀	휴지 심	사인펜

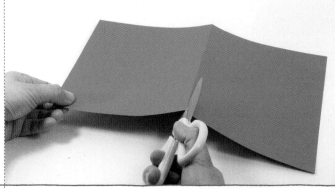

색지를 휴지 심 둘레를
충분히 감쌀만한 너비로
잘라요.

자른 색지를 가로로 놓고,
위에서 3cm 정도를
남기고 세로로 잘게
가위집을 내요.

3

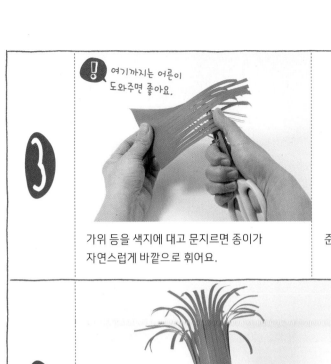

여기까지는 어른이
도와주면 좋아요.

가위 등을 색지에 대고 문지르면 종이가
자연스럽게 바깥으로 휘어요.

준비한 색지를 휴지 심에 풀로 붙여요.

4

휴지 심에 사인펜으로
재미있는 표정을 그려요.

신나게 놀아요

팔랑팔랑 날리는 머리를
예쁘게 다듬어 볼까요?

색지를 거꾸로도 붙여 봐요!

누가 불을 껐어?
앞이 안 보여!

눈 스티커와 폼폼을
이용하면 더 입체적인
얼굴을 만들 수 있어요.

곰 젤리 발사대

아이스크림 막대를 이용하여 투석기의 원리와 똑같은
미니 발사대를 만들어 봐요. 돌을 쏘아 날리는 대신 아이들이
좋아하는 곰 젤리를 날려 보는 거예요. 슝~ 곰 젤리 발사!

아이스크림 막대 9개	고무밴드 7개	플라스틱 숟가락	곰 모양 젤리

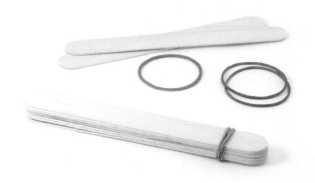

아이스크림 막대 7개를
나란히 포갠 후 한쪽을
고무밴드로 묶어
고정해요.

다른 한쪽도 고무밴드로 묶어서 고정해요.

다른 아이스크림 막대 하나에 플라스틱
숟가락을 고무밴드로 묶어 고정해요.

4

숟가락을 붙인 막대 아래에 남은 막대를
겹치고 숟가락 반대쪽 끝을 고무밴드로
고정해요.

5

두 아이스크림 막대 사이를 벌려서 묶어
둔 막대 뭉치를 끼워요.

6

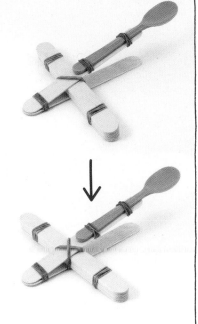

두 막대가 겹쳐지는 부분을 고무밴드
2개로 X자 모양으로 고정해요.

신나게 놀아요

숟가락 위에 곰 모양 젤리를 올리고
아래로 눌렀다가 손을 놓아 보세요.
곰 젤리가 슝~ 날아갈 거예요.

Tip 발사할 때 막대 앞쪽을
한 손으로 잡아 고정하면
날리기가 더 편해요.

➕ 곰 젤리 외에 작은 종이 뭉치나
폼폼, 팝콘 등도 날려 보세요.

팔딱팔딱 개구리

단단한 우유갑 종이와 고무밴드의 탄성을 이용해서 팔딱팔딱
튀어 오르는 개구리를 만들어 봅니다. 장난감 개구리를 튕길 때
개굴개굴 소리를 내며 놀면 더 재미있겠죠? 단순하게 보이지만
꽤 오래 집중하며 놀 수 있는 몰입도 최고의 놀이입니다.

1L 우유갑	가위	사인펜(마커)	눈 스티커	고무밴드

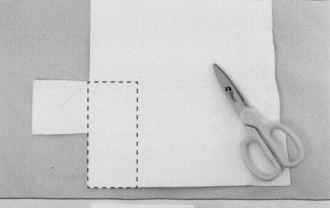

깨끗하게 씻어 말린
우유갑을 잘라 펼친 후
사진처럼 오려 주세요.
가로 7cm, 세로 14cm
정도가 적당해요.

반으로 접어 편 뒤 아래
쪽에 개구리를 그려요.

눈 스티커를 붙여서 개구리 그림을 완성해요.

위아래 끝에서 1cm 지점에 가위집을 내요.

우유갑 종이를 반대쪽으로 접은 뒤 개구리 그림이
있는 쪽 가위집에 고무밴드를 걸어요.

우유갑 종이를 살짝 펼치고 고무밴드를 X자
모양으로 틀어서 반대쪽 가위집에 걸어요.

안쪽 면이 바깥으로 나오게 접어 내려놓으면 고무밴드의 탄성 때문에 개구리가 튀어나와요.

신나게 놀아요

 여러 개의 장난감 개구리를 만들어
누구의 개구리가 더 높이,
더 멀리 뛰는지 시합해요.

벌레 구출 놀이

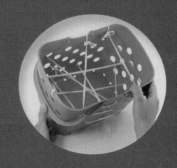

주변을 찬찬히 둘러보세요. 집에 있는 생활용품 하나하나가
모두 아이의 장난감이 될 수 있습니다. 구멍이 숭숭 뚫린 바구니도
좋은 장난감 재료입니다. 구멍에 줄을 꿰어 그물을 만들고 그 안에
벌레 장난감을 넣어 벌레 구출 놀이를 해 봅니다.

구멍 뚫린 바구니	털실(끈)	벌레 장난감	주방 집게

1

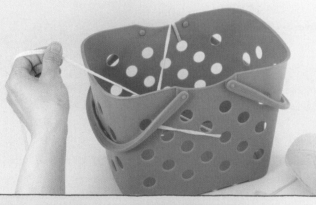

바구니의 구멍 하나에
길게 자른 털실의 한쪽
끝을 묶고 다른 구멍으로
실을 통과시켜요.

Tip 구멍이 있는 바구니면
모두 좋아요.

2

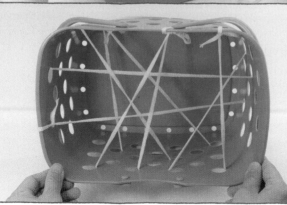

바구니 구멍 사이를 왔다
갔다 하면서 지그재그
모양으로 실을 꿰어요.

Tip 아이와 서로 털실을
주고받으면서 실 꿰기
놀이를 할 수도 있어요.

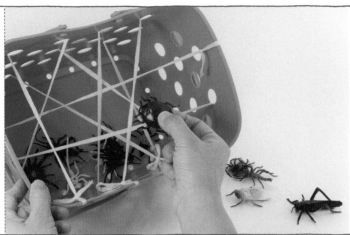

벌레 장난감을 바구니
안에 넣어요.

주방 집게나 만능 집게를
실 사이로 넣어서 그물
사이로 벌레를 구출해요.

 난이도를 높이려면 실을
건드리지 말아야 한다는
규칙을 추가해요.

신나게 놀아요

실을 꿸 때 미리 군데군데
방울을 매달아 놓으면 실을
건드렸는지 쉽게 알 수 있어요.

춤추는 마리오네트

마리오네트는 인형의 마디마디를 실로 묶어 사람이 위에서
조정하는 인형입니다. 만드는 과정이 다소 복잡하지만 준비물은
간단하니 아이와 함께 마리오네트 인형을 만들어 봅니다.
직접 만든 인형으로 인형극을 하는 것은 특별한 경험이 됩니다.

색지(A4) 2장 　 휴지심 9개 　 고무밴드 　 큰 종이컵 　 종이테이프 　 실 　 색종이 　 가위 　 칼 　 사인펜

색지 2장을 각각 말아서 막대 모양으로 만든 후
테이프로 고정해요.

X자 모양으로 겹쳐 놓고 고무밴드로 고정해요.

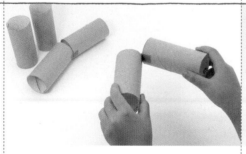

2개의 휴지 심을 약간의 간격을 두고 나란히 놓은
다음, 한쪽 안과 밖을 종이테이프로 이어요.

두 팔과 두 다리가 되도록 4쌍을 만들어요.

3

몸통으로 쓸 종이컵을 색종이로 꾸며요.

! 칼 사용은 어른이 도와주세요.

종이컵의 밑면을 칼로 뚫어내어 몸통을 만들어요.

휴지 심을 반으로 잘라 테이프로 붙이고 얼굴을 그려요.

4

 Tip 색종이를 둥글게 오린 후 잘라 붙여요.

색종이로 고깔모자를 만들어 붙이고, 팔과 다리, 얼굴을 종이컵에 테이프로 붙여서 연결해요.

5

① X자 막대 가운데에 30cm 길이로 자른 실을 묶고 다른 쪽 끝을 머리와 몸통 뒷면에 붙여요.
② 앞쪽에 50cm 길이로 자른 실을 묶고 다른 쪽 끝을 팔 뒤에 붙여요.
③ 뒤쪽에 60cm 길이로 자른 실을 묶고 다른 쪽 끝을 다리 뒤에 붙여요.

 Tip 실의 길이는 아이의 키에 맞게 조절해요.

🐰 신나게 놀아요

막대 중앙을 잡고 이리저리 움직이면 인형이 춤을 춰요.

➕ 가족이 각자 인형을 만들어 인형극을 해 봐요. 엄마와 아이가 입장을 바꿔 인형극을 하면 서로의 마음을 들여다 볼 수 있어요.

크아앙! 공룡

잘 구부러지는 알루미늄 포일의 특성을 이용한 놀이입니다.
그림책을 펼치고 좋아하는 공룡을 찾아 각각의 특징을 살려
만들어 봐요. 《고 녀석 맛있겠다》와 같은 공룡 그림책을
좋아하는 아이들에게는 더할 나위 없이 재미있는 놀이입니다.

알루미늄 포일

그림책

알루미늄 포일을 큼직하게
서너 장 뜯어두세요.
(20~30cm)

포일을 길쭉하게 비틀어
말면서 단단한 막대
모양으로 만들어요.

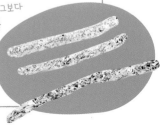
Tip 몸통은 길고 두껍게,
앞뒤 다리는 그보다
짧게 두 개를
만들어요.

③

몸통 위에 앞다리, 뒷다리를 얹어요.

짠!
두 발로 섰어요.

몸을 감싸듯 반으로 접고 한 번 꼬아 고정해요.
머리와 목은 위로 접어 올리고 다리를 벌려 세워요.

④

얼굴과 꼬리, 발 등의
특징을 잘 살려서
마무리해요.

목이 긴 공룡 완성!

 신나게 놀아요

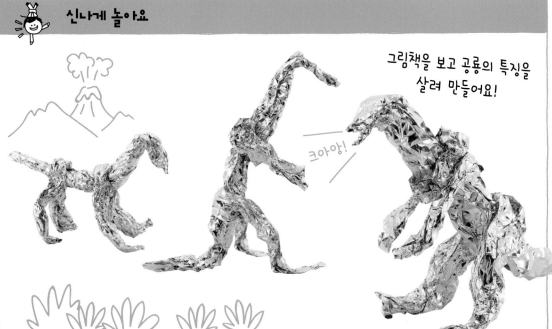

그림책을 보고 공룡의 특징을
살려 만들어요!

크아앙!

상상 놀이

배고픈 애벌레

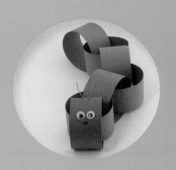

간단하게 만들 수 있는 종이 고리로 애벌레를 만들어 봐요.
《배고픈 애벌레》를 읽고 책 놀이로 확장하기 좋은 놀이입니다.
식욕이 왕성한 애벌레가 음식을 먹는 장면을 따라 앞뒤로
꿈틀꿈틀 움직이며 흉내 내 보세요.

녹색 색지	빨간색 색지	자	가위	풀	눈 스티커	빨끈	사인펜	그림책

1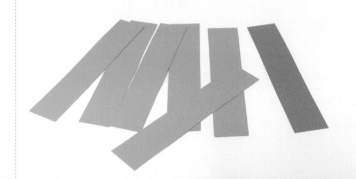

녹색 색지를 3cm
폭으로 잘라서 여러 장의
종이 띠를 만들어요.
빨간색은 3cm 1장만
만들면 됩니다.

2

녹색 종이 띠를 둥글게 말아 풀로 붙여 고리를
만들어요.

다른 녹색 종이 띠를 고리에 넣고 풀로 붙여
연결해요.

③ 녹색 종이 띠로 충분히 길게 애벌레 몸을 완성했다면 빨간색 종이 띠를 연결하여 얼굴을 만들어요.

④

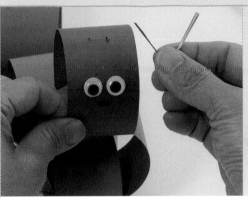
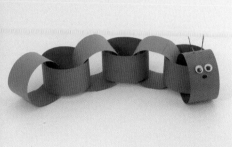

빨간색 종이 고리에 눈 스티커와 사인펜으로 얼굴을 꾸미고, 빵끈을 꽂아 더듬이를 만들어요.

 신나게 놀아요

음식 사진을 오려 애벌레에게 먹이를 줘 볼까요?

➕ 먹고 난 자리에 펀치로 구멍을 뚫으면 더 재미있어요.

냠냠!

무지개 물고기

반짝반짝 빛나는 비늘을 가진 무지개 물고기를 만들어 봅니다.
《무지개 물고기》를 읽고 자신이 무지개 물고기라면 친구들에게
어떻게 말했을지, 비늘을 나눠 줄 때는 어떤 기분이었는지
생각해 보는 것도 좋은 책 놀이입니다.

안 쓰는 CD	파란색 색지	비즈 스티커	가위	풀	눈 스티커	그림책

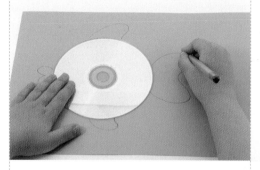

① 파란색 색지 위에 CD를 놓고 지느러미와 입을
그려요.

가위로 오려서 CD의 반짝이는 면 뒤에 붙여요.

CD의 반짝이는 면에
눈 스티커를 붙여요.

②

무지개 물고기의
비늘처럼 반짝이는
비즈 스티커를 붙여서
물고기의 몸을 꾸며요.

반짝반짝 무지개 물고기
완성! 바닷속 여행을
떠나 볼까요?

신나게 놀아요

클레이로 물고기 모양을 만들고
반짝이는 구슬 장식을 박아
만들어도 좋아요.

스크래치 놀이

크레파스의 성질을 이용한 스크래치 놀이를 해 봐요.
서로의 상황을 이해하고 소중하게 생각하는 힘을 길러 주는
《까만 크레파스》를 읽고 이야기를 나눈 후 시작하면
좋은 책 놀이가 됩니다.

도화지	크레파스	샤프(끝이 뾰족한 도구)	그림책

도화지에 좋아하는
그림을 그려요.

빈자리가 없도록
바탕까지 모두 색을
칠해요.

3

완성된 그림 위에 검정 크레파스를 칠해요.

TIP 혼자 메꾸기 어려워하면 어른이 도와줘도 좋아요.

4

검은색을 다 칠하고 나면 샤프처럼 끝이 뾰족한 도구로 긁어서 스크래치 그림을 그려요.

신나게 놀아요

까만 종이 위에 무슨 그림을 그리면 좋을까?

까만색 아래 어떤 그림을 숨기고 싶었지?

! 샤프로 그림을 긁을 때 너무 세게 긁으면 종이가 뚫리거나 찢어질 수 있으니 주의해요!

기분 그림책

아이의 기분을 그림으로 나타낼 수 있는 기분 그림책을 만들어
봅니다. 다양한 감정을 표현한 《기분을 말해 봐!》를 읽은 뒤
기분 그림책의 눈, 코, 입을 이리저리 맞추면서 어떤 기분일지
이야기해 보는 것도 좋습니다.

스케치북	칼	자	마커나 크레파스	그림책

 1

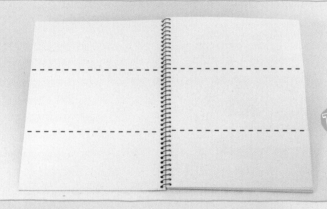

스케치북을 3등분으로
잘라요.

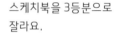 **TiP** 칼 사용은 어린이
도와주세요. 자를 대고
자르는 게 좋습니다.

 2

맨 위 칸에는 다양한
감정을 나타내는 눈을
각각 하나씩 그려요.

3 가운데 칸에는 여러 가지 모양의 코를 각각 하나씩 그려요.

4 맨 아래 칸에는 다양한 감정을 나타내는 입을 각각 하나씩 그려요.

신나게 놀아요

어떤 기분일지 맞혀 볼까?

화가 났나?

지루한가?

슬픈가?

놀랐나?

기쁜가?

다양한 눈, 코, 입을 잡지에서 오려 붙여 만들어도 재미있어요.

펑! 색깔 폭죽

《색깔의 여왕》을 읽고 하면 더 좋은 놀이입니다.
색종이 조각들이 하늘에 날리는 모습을 보며 희열과 성취감을
느낄 수 있습니다. 신나게 웃는 아이를 떠올리면 이날 하루는
치우는 귀찮음을 감내할 만합니다.

| 종이컵 | 칼 | 풍선 | 가위 | 종이테이프 | 폭죽에 넣을
여러 가지 재료 | 그림책 |

1

종이컵 밑면을 뚫어
주세요.

❗ 칼 사용은 어른이
도와주세요.

2

풍선의 둥근 부분 반을
잘라내고 입구를 묶은 후,
종이컵 밑면에 씌워요.

③ 풍선이 빠지지 않도록
종이테이프로 고정해요.

④ 색색의 색종이를 작게
잘라서 종이컵 안에 넣고
풍선 끝을 잡아당겼다
놓으면 색깔 폭죽 발사!

신나게 놀아요

풍선 끝을 잡아당겼다가
놓으면 색깔 폭죽이 펑!

색색의 폼폼이나
단추, 셀로판지 등도
터뜨려 봐요.

개구리 먹이주기

실에 매달린 파리를 개구리 입에 꿀꺽! 생각보다 정교한
손목 움직임과 힘 조절이 필요한 놀이입니다.
《꿈에서 맛본 똥파리》를 읽고 책 놀이로 연결하면 더 좋습니다.

 2L 페트병

 페트병 뚜껑 3개

 송곳

 눈 스티커

 색 절연테이프

 가위

 네임펜

 노끈

 그림책

1

페트병 위쪽 1/4 지점을 칼로 잘라요.

❗ 손을 다칠 수 있으니 두 과정 모두 어른이 도와주세요.

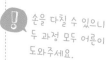

페트병 뚜껑에 송곳으로 노끈을 달 구멍을 뚫어요.

2

Tip 색 절연테이프 대신 사인펜이나 마커를 이용해도 좋아요.

녹색, 빨간색 절연테이프와
눈 스티커로 개구리
얼굴을 꾸며요.

③

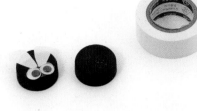

페트병 뚜껑을 검게 칠하고 그중 하나에 흰색 절연테이프와 눈 스티커로 파리를 표현해요.

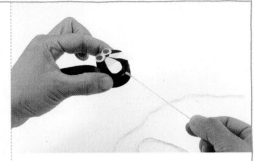

뚜껑 두 개의 안쪽이 맞닿도록 놓고, 그 사이에 매듭을 지은 노끈을 끼워요. 그런 다음 검은색 절연테이프로 두 뚜껑을 고정해요.

④

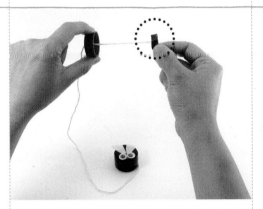

노끈의 반대쪽을 ②의 페트병 뚜껑에 꿰고 매듭을 지어 고정해요. 이때 테이프로 매듭을 붙이면 더 잘 고정돼요.

페트병에 실을 단 뚜껑을 돌려 닫으면 완성!

 신나게 놀아요

페트병 입구를 손에 잡고 파리를 튕겨서 개구리 입에 넣어요.

 꿀꺽!

➕ 가족이나 친구들과 함께 누구 개구리가 더 많이 파리를 잡아먹는지 겨뤄 봐요.

그림자극장

검은 윤곽과 목소리만으로 이야기를 이끌어가는 그림자극은
알록달록한 그림책과는 또 다른 세계로 아이들을 이끌어 줍니다.
어두운 숲속에서 늑대를 만나는 《빨간 망토》를 읽고
그림자극으로 만들어 봅니다.

상자	칼	트레싱지	검은색 종이테이프	검은 색지	연필	가위	꼬치막대	손전등(스마트폰)	그림책

상자의 한 면은 모두 잘라내고
다른 면은 사방 2cm를 남기고
뚫어 주세요.

뚫은 구멍 안쪽에 트레싱지를
붙여요.

상자 윗면에 인형을 넣고 움직일
구멍 여러 개를 뚫어요. 그래야
인형이 입체감 있게 움직여요.

잘라낸 상자 종이를
이용해 극장 무대 장식을
만들어 붙이고, 검은색
종이테이프로 무대
테두리를 둘러 꾸며요.

검은 색지에《빨간 망토》
이야기의 인물과 배경
소품 등을 그리고 오려요.

만든 종이 인형 뒤에 테이프로 꼬치막대를 붙여요.

이야기의 흐름에 따라 구멍에 종이 인형을 넣고
움직여요.

 신나게 놀아요

자, 이제 불을 끄고 그림자극
공연을 시작해 볼까요?

실감 나는 목소리로 하면
관객들이 더 좋아할 거예요.

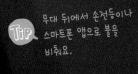

무대 뒤에서 손전등이나
스마트폰 앱으로 불을
비춰요.

손가락 토끼 인형

안 쓰는 장갑을 이용해서 손가락 토끼 인형을 만들어 봅니다.
얼굴을 바꿀 수도 있고, 귀나 손을 움직일 수도 있어서 다양한
감정 표현과 동작을 할 수 있는 좋은 놀잇감입니다.

빨간 손가락 장갑

흰 손가락 장갑

목공풀

가위

휴지 심

칼

사인펜

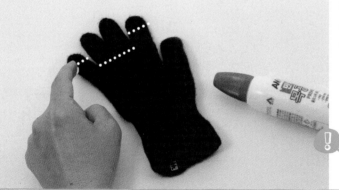

빨간 장갑에서 잘라낼
손가락 부위에 사진처럼
목공풀을 발라요.

목공풀을 바른 후 잘라야
장갑의 올이 풀리지 않아요.

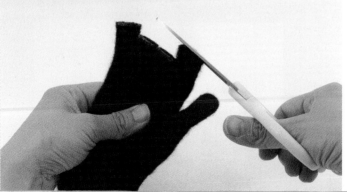

목공풀이 다 마른 다음
목공풀로 표시한 선대로
장갑의 손가락을 잘라요.

엄지손가락은 장갑 안쪽으로 집어넣어요.

빨간 장갑 안으로 흰 장갑을 넣어요.

❗ 칼로 자르는 것은
어른이 도와주세요.

휴지 심을 1/2 정도 길이로 잘라요.

자른 휴지 심에 사인펜으로 얼굴을 그리고,
셋째 넷째 손가락에 끼워요.

🙆 신나게 놀아요

손가락에 토끼 얼굴을 끼우고
귀와 손을 움직이며 인형 놀이를 해요.

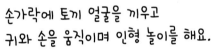

안녕! 좋은 아침이야!

아이쿠!
또 깜빡했네!

➕ 남은 휴지 심에 다양한
표정을 그려서 이야기를
만들며 놀아요.

상상 놀이

인형 옷 갈아입히기

종이 인형의 옷 부분을 뚫고 평소 스쳐 지나가던 길가의
사물에 종이 인형을 대어 보면서 익숙한 것을 새로운 눈으로
바라보는 경험을 해 봅시다.
더불어 관찰력과 상상력도 키울 수 있습니다.

도화지(A4)

사인펜(마커)

칼

손코팅지 2장

 1

도화지에 종이 인형을
그려요.

 2

옷 부분을 칼로 도려내요.

칼 사용은 어른이
도와주세요.

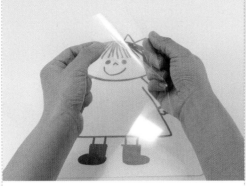

③ 손코팅지의 보호 필름을 떼어 내고 그림의 뒷면에
붙여요.

남은 한 장의 보호 필름을 떼어 앞면에 붙이고
기포가 생기지 않도록 잘 문질러요.

④ 주변의 물건에 종이 인형을
대어 봐요. 뒤에 있는
물건의 무늬가
인형의 옷이 돼요.

신나게 놀아요

종이 인형과 함께 밖으로 산책을 나가 볼까요?
여러 자연물에 인형을 대어 보면서 옷을 갈아입혀요.

펄럭펄럭 박쥐

포유류인 박쥐는 새가 아니지만 날아다니지요.
아이의 몸에 맞는 커다란 박쥐 날개를 만들어서 아이가
직접 박쥐가 되어 펄럭펄럭 나는 경험을 하게 해 주세요.

 검은색 전지 2장　　 검은색 종이테이프　　 리본 2m　　 스테이플러　　 고무밴드 2개

검은 색 전지를 반으로 접어요.

같은 방향으로 계속 접어 접은 자국을 내요.

종이를 뒤집어 가며 접어 주름 날개를 만들어요.

주름지게 접은 전지 2장을 반으로 접은 뒤 위아래로 나란히 놓아요.

리본으로 전지 2장의 가운데를 묶어요.

위아래를 검은색 종이테이프로 붙여 연결해요.

③

가운데도 검은색 종이테이프로
붙여 연결해요.

양쪽 끝에 검은색 종이테이프
한 겹을 붙여 튼튼하게 만든 뒤,
고무밴드를 스테이플러로 붙여
손잡이를 만들어요.

종이 박쥐 날개 완성!

④

종이 날개 가운데를
등에 대고 리본을
어깨 앞쪽으로 보내요.

양쪽 리본을 겨드랑이
밑으로 보내고 허리
뒤에서 교차해
앞으로 보내요.

리본을 묶은 후 날개
끝의 고무밴드를
양 손에 끼워요.

 신나게 놀아요

날개를 펼치고 펄럭펄럭
날아 볼까요?

유령 가면

종이봉투나 쇼핑백을 이용해서 다양한 모양의 유령 가면을
만들어 봐요. 집에서 가족들과 함께 유령 놀이를 해도 좋고,
핼러윈 파티 복장으로도 그만이에요.

종이봉투나 쇼핑백

마커

색연필

칼

1

가면을 만들 종이봉투를
머리에 쓰고 손으로 눌러
눈의 위치를 표시해요.

! 다칠 수도 있으니
다른 사람의 도움을
받는 게 좋아요.

2

마커와 색연필로 재미있는 표정을 그려요.

3

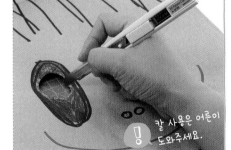

! 칼 사용은 어른이
도와주세요.

미리 표시해 놓은 눈 위치에 구멍을 뚫어요.

짜잔

머리에 뒤집어쓰면
꼬마 유령 등장!

신나게 놀아요

온 가족이 각자 만든 유령
가면을 쓰고 잡기 놀이를 해요.

유령 가면에 맞는 옷이나
소품을 준비하면 핼러윈
분장으로 좋아요.

난 유령이다!

우어어

몸 놀이

통통 요요

투명 파일을 잘라서 가벼운 요요를 만들어 놀아요.
진짜 요요는 조작법이 어려워서 어린 아이들이 다루기 쉽지
않지만, 투명 파일 조각으로 만든 요요는 작은 공과 같아서
아이들이 어디서나 통통 튕기며 놀 수 있습니다.

투명 파일(여러 가지 색)   자   칼   고무밴드 여러 개   스테이플러

 1

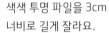

색색 투명 파일을 3cm
너비로 길게 잘라요.

❗ 칼로 자르는 것은
어른이 도와주세요.

 2

색깔 별로 잘라서 여러
색의 파일 조각을
만들어요.

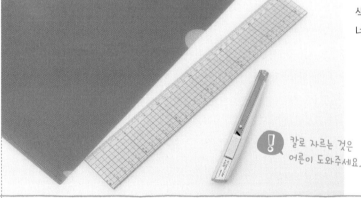

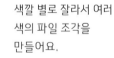

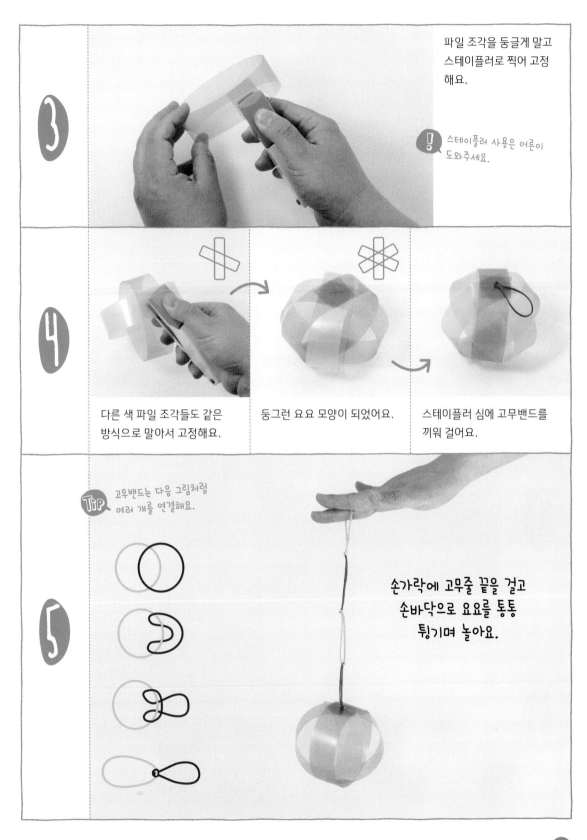

3

파일 조각을 둥글게 말고
스테이플러로 찍어 고정
해요.

! 스테이플러 사용은 어른이
   도와주세요.

4

다른 색 파일 조각들도 같은
방식으로 말아서 고정해요.

둥그런 요요 모양이 되었어요.

스테이플러 심에 고무밴드를
끼워 걸어요.

5

TiP 고무밴드는 다음 그림처럼
여러 개를 연결해요.

손가락에 고무줄 끝을 걸고
손바닥으로 요요를 통통
튕기며 놀아요.

몸 놀이

신문지 훌라

길게 찢은 신문지로 훌라 춤을 출 때 입는 치마를 만들어 봅니다.
신문지를 일정한 너비로 길게 찢는 활동은 집중력과 조절력을
키워 주며, 무엇보다 그 자체가 신나고 재미있는 놀이입니다.

신문지

박스테이프

색종이

양면테이프

가위

1

신문지를 일정한 너비로
길게 찢어요. 많이 찢어
둘수록 좋아요.

2

아이의 허리에 접착 면이
밖으로 오도록 박스
테이프를 둘러요.

테이프 위에 찢어 놓은
신문지 조각을 붙여요.

색종이 꽃을 여러 개
오린 후 양면테이프로
허리 부분을 장식해요.

🧒 신나게 놀아요

신나는 음악을 틀어 놓고
훌라 춤을 춰 봐요.

➕ 색종이 꽃 사이에 2cm
길이로 자른 빨대를 끼워
목에 거는 화환도 만들어요.

고양이 변신 꼬리

못 쓰는 스타킹으로 고양이 꼬리를 만들어 아이에게
매달아 줘 볼까요? 간단한 소품으로 고양이 변신이 가능해요.
평소 알고 있던 고양이의 모습이나 행동을 흉내 내어 놀다 보면
관찰력과 신체 표현력도 기를 수 있습니다.

스타킹　　공 여러 개　　신문지　　집게(안전핀)

못 쓰는 스타킹 한 짝에
공을 여러 개 넣으세요.

공이 부족하다면
신문지를 작게 뭉쳐
넣어도 좋아요.

스타킹의 입구를 묶어서
꼬리를 만들어요.

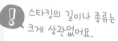 스타킹의 길이나 종류는
크게 상관없어요.

집게나 안전핀으로
완성된 꼬리를 허리에
매달아요.

신나게 놀아요

이제 고양이 꼬리를 달고
고양이가 되어 보아요.

털 단장도 해 볼까요?

고양이처럼 살금살금 걸어요.

 다양한 모양의 꼬리로 원하는
동물이 되어 보세요.

몸 놀이

거미줄 놀이터

박스테이프로 집을 멋진 모험 놀이터로 만들어 봐요.
아이와 함께 벽과 벽 사이, 또는 문 사이에 거미줄처럼
박스테이프를 붙여 보세요. 아이는 거미줄을 만드는
거미가 될 수도 있고, 거미줄에 잡힌 곤충이 될 수도 있어요.

박스테이프

신문지

① 방문 양쪽에 테이프를
거미줄처럼 엮어요.
이때 테이프의 접착 면이
바깥쪽으로 향하도록
붙여요.

! 벽지에 손상이 가지
않는 박스테이프를
사용하세요.

반으로 자른 신문지를
뭉쳐서 공을 여러 개
만들어요.

테이프로 쳐 놓은
거미줄에 신문지 공을
던져서 붙여 보세요.
작고 가볍게 만들어야
잘 붙어요.

신나게 놀아요

테이프 사이를 넓게 붙이고,
테이프에 닿지 않게 통과해 봐요.

슛! 양말 농구

종이 접시와 양말만 있으면 어디에서든 신나고 즐겁게 농구를
할 수 있어요. 단순해 보이지만 주의력과 집중력, 판단력을
키우고 팔, 다리의 힘도 기를 수 있는 좋은 놀이랍니다.

종이 접시	칼	박스테이프	양말 여러 개

 1

❗ 칼 사용은
어른이 도와주세요.

종이 접시의 가운데를
둥글게 잘라내 구멍을
뚫어요.

 2

탁자나 책상 앞부분에
구멍이 뚫어진 접시를
박스테이프로 튼튼하게
고정하여 농구 골대를
만들어요.

양말을 둥글게 말아서
공처럼 만들어요. 양말
공은 여러 개 준비하면
좋아요.

양말 공을 던질 위치를
정하고 슛! 골인!

신나게 놀아요

종이 접시의 구멍을 작게
뚫으면 난이도가 높아져요.

익숙해지면 높은 곳에
종이 접시를 붙이고
던져 넣어요.

신나는 펀치볼

집에 있는 신문지와 비닐봉지로 간단하게 펀치볼을 만들어 봅시다.
가족들과 함께 신나게 펀치볼을 때리면서 넘치는 에너지를
발산하고 스트레스 해소도 할 수 있습니다.

고무밴드 13개   신문지   비닐봉지   박스테이프

1

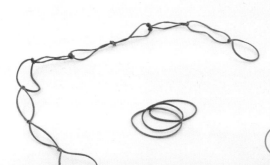

고무밴드 10개를
연결해요.

 고무줄은 이렇게 연결하세요.

2

신문지 여러 장을 구겨서 단단하게 뭉친 후 비닐봉지에 넣고 입구를 묶어요.

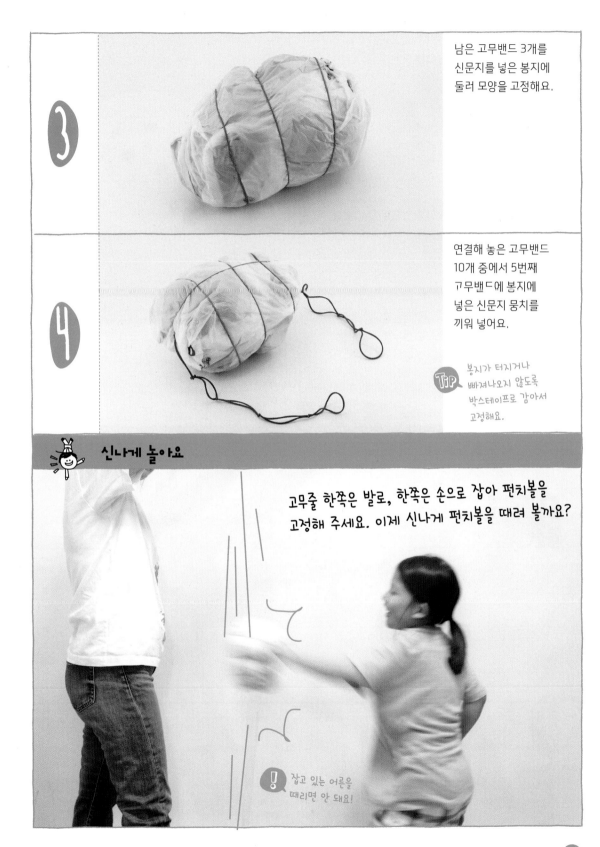

3

남은 고무밴드 3개를
신문지를 넣은 봉지에
둘러 모양을 고정해요.

4

연결해 놓은 고무밴드
10개 중에서 5번째
고무밴드에 봉지에
넣은 신문지 뭉치를
끼워 넣어요.

Tip 봉지가 터지거나
빠져나오지 않도록
박스테이프로 감아서
고정해요.

신나게 놀아요

고무줄 한쪽은 발로, 한쪽은 손으로 잡아 펀치볼을
고정해 주세요. 이제 신나게 펀치볼을 때려 볼까요?

! 잡고 있는 어른을
때리면 안 돼요!

에어캡 공

포장할 때 쓰는 에어캡을 이용해서 공을 만들어 놀아 봅니다.
에어캡으로 만든 공은 가볍고 안전해서 실내에서도 신나게
던지며 놀 수 있습니다. 여러 가지 공의 모양을 관찰하여
직접 만들어 보는 것 역시 즐거운 놀이의 한 과정입니다.

에어캡　　셀로판테이프　　동그라미 스티커

에어캡을 적당한 크기로
여러 장 잘라요.

조그맣게 돌돌 말아요.

자른 에어캡을 더하면서 계속
말아요.

에어캡 뭉치를 꼭꼭 눌러서
둥그렇게 만들어요.

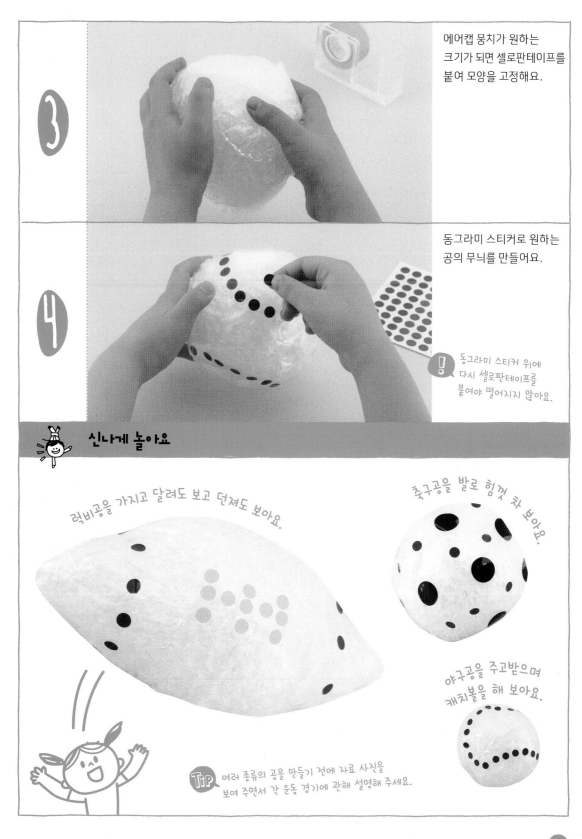

3 에어캡 뭉치가 원하는 크기가 되면 셀로판테이프를 붙여 모양을 고정해요.

4 동그라미 스티커로 원하는 공의 무늬를 만들어요.

❗ 동그라미 스티커 위에 다시 셀로판테이프를 붙여야 떨어지지 않아요.

신나게 놀아요

럭비공을 가지고 달려도 보고 던져도 보아요.

축구공을 발로 힘껏 차 보아요.

야구공을 주고받으며 캐치볼을 해 보아요.

TIP 여러 종류의 공을 만들기 전에 자료 사진을 보여 주면서 각 운동 경기에 관해 설명해 주세요.

몸 놀이

나는야 골프 선수

신문지와 종이 접시로 골프채를 만들어 골프 놀이를
해 봐요. 페트병으로 게이트(문)를 만들면 게이트볼 시합을
할 수도 있어요. 아이들뿐 아니라 어른들도 즐길 수 있어
온 가족이 함께하기에 좋은 놀이입니다.

신문지

종이 접시

종이테이프

페트병(500mL) 6개

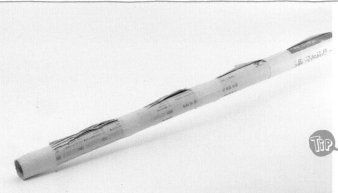

여러 장 겹친 신문지를
막대처럼 길게 말아서
종이테이프로 단단하게
감아요.

Tip 최대한 여러 장을
단단히 말아 붙여야
휘어지지 않아요.

종이 접시를 반으로 접어요.

접은 종이 접시 사이에 신문지
막대를 끼워요.

벌어진 부분을 종이 테이프로
고정해서 골프채를 만들어요.

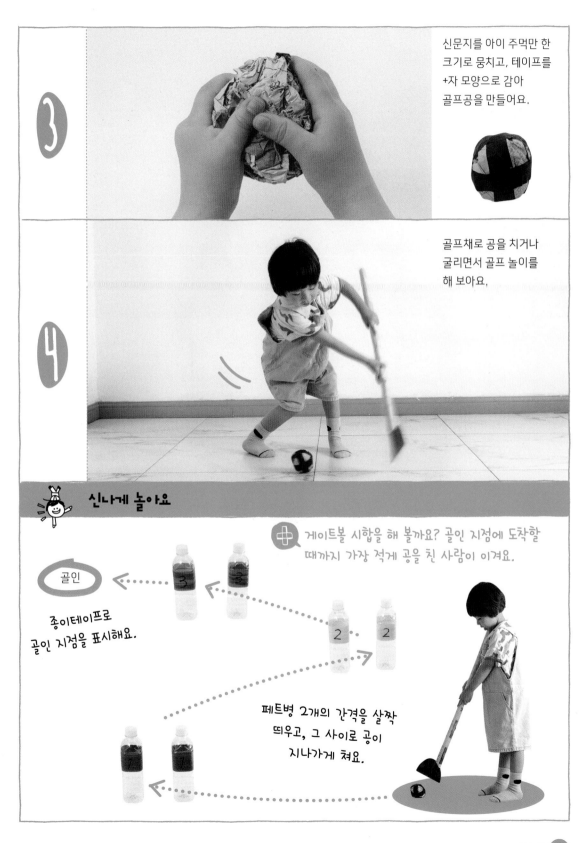

③ 신문지를 아이 주먹만 한 크기로 뭉치고, 테이프를 +자 모양으로 감아 골프공을 만들어요.

④ 골프채로 공을 치거나 굴리면서 골프 놀이를 해 보아요.

신나게 놀아요

게이트볼 시합을 해 볼까요? 골인 지점에 도착할 때까지 가장 적게 공을 친 사람이 이겨요.

골인

종이테이프로 골인 지점을 표시해요.

페트병 2개의 간격을 살짝 띄우고, 그 사이로 공이 지나가게 쳐요.

몸 놀이

쓱싹쓱싹 세차장

평소 어둡고 밀폐된 공간을 무서워하는 아이라면 세차장
놀이로 공간에 대한 경험을 바꿀 수 있어요.
큰 종이 상자에 신문지 조각을 붙여 간단한 세차장 기계를 만들고
순서대로 통과하며 재미있게 놀아요.

종이 상자

박스테이프

신문지

가위

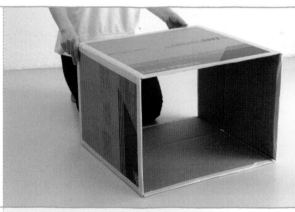

종이 상자의 윗면과
아랫면을 잘라내어
터널처럼 만들어요.

Tip 자른 면은 박스테이프를
둘러 마감해요.

신문지를 넓고 길게 찢은
다음, 뚫린 면 한쪽 끝에
촘촘히 붙여요.

색종이 조각

③ 등에 신문지나 색종이 조각을 얹은 다음 세차장 기계를 통과해요.

④ 세차장 기계를 통과할 때 상자를 붙잡고 양옆으로 흔들면서 세차를 해요.

Tip 진짜 세차장처럼 물이나 솔로 닦는 흉내도 내 보아요.

신나게 놀아요

반짝반짝 깨끗해졌어요!

포스트잇 픽셀 아트

픽셀 아트는 픽셀이라고 불리는 작은 네모 점이 모여서 작품이
완성됩니다. 게임 등에서 흔히 볼 수 있지요. 여러 가지 색과
크기의 포스트잇을 이용해서 픽셀 아트 그림을 그려 볼까요?
점이 모여 선이 되고 면을 이루는 과정을 경험할 수 있습니다.

다양한 크기와 색의 정사각형 포스트잇

1

큰 창문이나 빈 벽 등을
찾아 포스트잇을
한 장 붙여요.

2

포스트잇을 하나하나 이어 붙이며 모양을 만들어요.

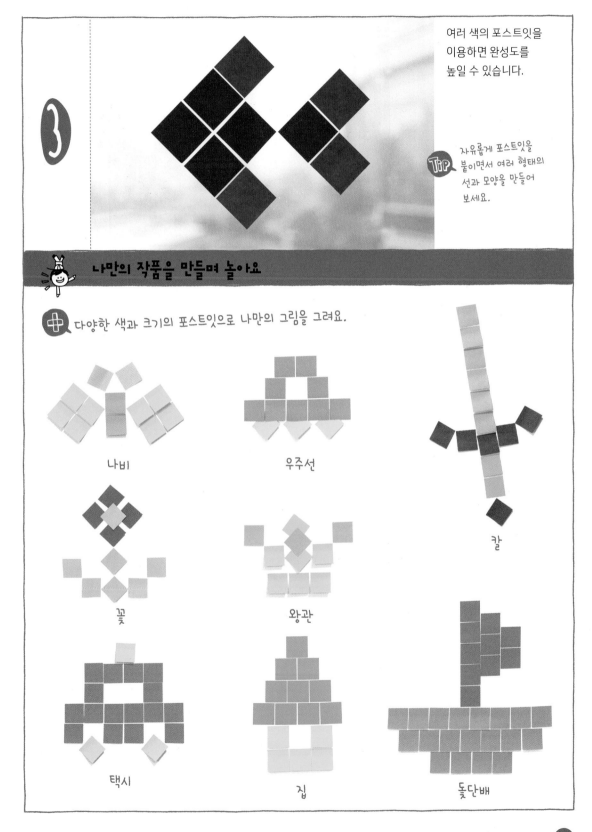

여러 색의 포스트잇을
이용하면 완성도를
높일 수 있습니다.

Tip 자유롭게 포스트잇을
붙이면서 여러 형태의
선과 모양을 만들어
보세요.

나만의 작품을 만들며 놀아요

다양한 색과 크기의 포스트잇으로 나만의 그림을 그려요.

나비

우주선

칼

꽃

왕관

택시

집

돛단배

종이테이프 핼러윈

포스트잇을 점으로 이용해서 작품을 만들어 봤다면 이번에는
종이테이프를 선으로 이용한 작품을 만들어 봅니다.
여러 가지 색의 종이테이프를 이용하면 선만으로도 다양한
형태를 표현할 수 있음을 경험할 수 있습니다.

다양한 색의 종이테이프

종이테이프로 유리창이나 벽에 핼러윈에 어울리는 그림을 만들어요.
종이테이프는 손으로 끊어도 잘 잘리니 굳이 가위를 쓰지 않아도 좋아요.

다양한 색의 종이테이프로 여러 표현을 시도해 봐요.

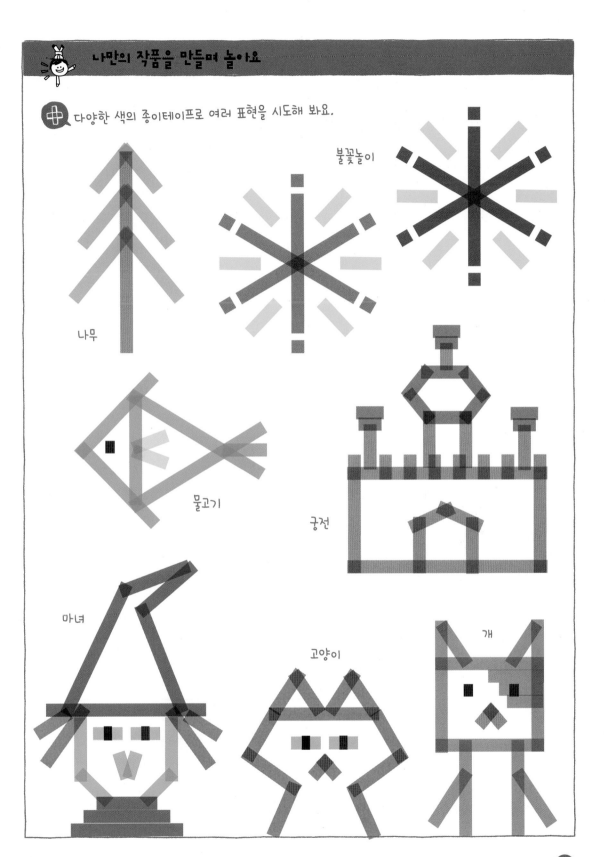

불꽃놀이

나무

물고기

궁전

마녀

고양이

개

버블 프린트 그림

비눗방울은 모든 아이가 사랑하는 놀잇감이지요.
이 비눗방울 용액에 물감을 섞어서 거품을 만들어 찍으면
색다른 느낌의 버블 프린트 그림을 그릴 수 있어요. 퐁퐁 날아
다니는 비눗방울을 아이의 그림 속에 넣어 봅니다.

비눗방울 용액	물감	종이컵	빨대	도화지	크레파스

비눗방울 용액을
종이컵에 붓고 물감과
섞어요.

Tip 비눗방울 용액이 없으면
주방세제에 물을 섞어도
돼요.(물 7:세제 1)

Tip 빨대 중간에 핀으로 구멍을 뚫으면
용액이 빨려 올라오지 않아
위험을 방지할 수 있어요.

비눗방울이 종이컵
위로 가득 올라올 때까지
빨대를 불어요.

여러 가지 색의 물감을
섞어 분 뒤 도화지로
비눗방울 거품을 살짝
눌렀다 떼요.

여러 형태로 자유롭게
찍으면서 버블 프린트
그림을 만들어요.

Tip 겹쳐 찍어도
좋아요.

나만의 작품을 만들며 놀아요

버블 프린트가 다 마르면 크레파스로 덧그림을 그려 봐요.

미니카 액션 페인팅

화가 잭슨 폴록은 물감을 마구 흘려서 그리는 그림으로 유명해요.
이렇게 움직이며 그리는 그림을 액션 페인팅이라고 하지요.
아이들과 함께 물감과 미니카를 이용해서 액션 페인팅
그림을 그려 볼까요?

종이(전지)	물감	종이테이프	종이 접시	미니카 여러 대

전지 크기의 큰 종이를
움직이지 않도록 탁자나
마룻바닥에 붙여요.

종이 접시에 여러 가지
색의 물감을 각각 부어
놓아요.

③ 미니카를 물감 접시에
넣고 굴려서 바퀴에
물감을 충분히 묻힌 다음
종이에 올려놓고 굴리면서
자유롭게 그림을 그려요.

친구들과 함께 자유롭고 신나게
액션 페인팅을 해 봐요!

머리카락이 쭈뼛!

어린아이들에게는 붓으로 그림을 그리는 것은 아직 어려울 수 있습니다. 붓 대신 물감이 흐르는 성질을 이용하여 빨대로 불어서 그림을 그려 봅니다. 붓으로 그리는 것과는 다른 재미가 있는 그리기 활동이 될 것입니다.

도화지   네임펜   물감   종이컵   빨대

Tip 수성 물감을 사용하니 밑그림인 얼굴은 물에 번지지 않는 네임펜으로 그려요.

도화지에 네임펜으로 머리카락을 뺀 동그란 얼굴 모양을 그려요. 그런 다음 종이컵에 여러 색의 수채화 물감을 물에 풀어 준비해요.

빨대를 종이컵에 담근 후 손가락으로 빨대 끝을 막고 머리카락이 시작되는 부분에 빨대를 대고 손가락을 떼요. 떨어진 물감을 빨대로 후 불면서 머리카락을 그려요.

여러 색의 물감을 불어서
머리카락을 알록달록하고
풍성하게 표현해요.

③

나만의 작품을 만들며 놀아요

다양한 표정의 얼굴을 그리고 그 표정에 어울리는
머리카락을 그려 봐요.

➕ 꼭 얼굴이 아니어도 좋아요.
여러 가지 표현을 시도해 봐요.

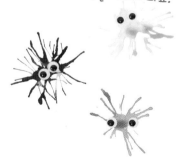

데구루루 구슬 그림

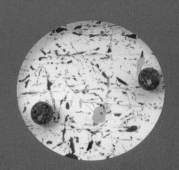

꼭 손에 미술 도구를 들어야 그림을 그릴 수 있는 것은 아니에요.
도구의 한계에서 벗어나면 더 특별한 작품을 그릴 수 있지요.
이번에는 물감을 묻힌 구슬을 굴려서 재미있는 추상화를 그려 봐요.
여러 색이 겹쳐지는 혼합 현상도 관찰할 수 있어요.

| 종이 상자 | 종이 | 물감 | 구슬 |

1

종이 상자 밑면에 딱 맞게
종이를 잘라 깔아요.

 Tip 아이가 혼자 흔들 수
있을 크기의 종이 상자로
준비해 주세요.

2

구슬에 각각 다른 색의
물감을 묻혀요.

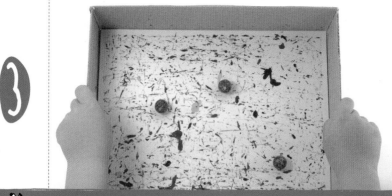

종이 상자 안에 구슬을 넣고 상자를 이리저리 흔들며 구슬을 굴려요.

 구슬이 튀어 오르지 않고 굴러다닐 정도로만 흔들어요.

 나만의 작품을 만들며 놀아요

자른 종이를 상자에 넣어요.

상자에 맞는 크기로 종이를 자른 뒤 여러 가지 모양으로 자르고 펀치로 뚫어 무늬를 만들어요.

구슬에 물감을 묻혀 굴려요.

색종이에 붙이면 완성! 액자에 넣으면 훌륭한 작품이 되어요.

거울 자화상

자화상은 자신의 모습을 담은 초상화입니다.
아이에게 거울에 비친 자기 모습을 충분히 관찰할 기회를 주고,
비춰진 모습 그대로를 거울 위에 그리면서 자신을 표현하는
경험을 가지게 해 주세요.

큰 거울

보드용 마카

①

큰 거울 앞에 앉거나 서서
거울에 비친 자신의
모습을 살펴보아요.
머리 모양, 눈, 코, 입, 또
팔과 다리와 몸통까지
여러 부분이 어떻게
생겼는지 엄마 아빠에게
이야기해 봐요.

보드용 마커로 거울 위에
자신의 모습을 그대로
그려요.

TiP 자신의 모습을 관찰한 느낌을
말하고, 어떤 부분부터 어떻게
그리고 싶은지 미리 이야기를
나눠요.

 나만의 작품을 만들며 놀아요

아이와 자화상을 함께 사진에 담은 뒤 사진을 보며
이야기를 나눠요. 재잘재잘 이야기가 끝이 없을 거예요.

다양한 표정을 지으며
자화상을 그려 봐요.

씨앗 모자이크

작은 조각을 모아 붙여서 무늬나 그림을 만드는 모자이크는
인내력과 집중력이 필요하며, 구성력을 키워주는 활동입니다.
여러 가지 씨앗과 콩, 곡물 등을 모자이크처럼 하나하나
붙여서 작품을 완성해 봅니다.

여러 가지 씨앗/콩/곡물   종이컵   도화지   사인펜   목공풀

1

여러 가지 씨앗과 곡물을
종이컵에 종류별로
나눠서 담아요.

2

도화지에 사인펜으로
밑그림을 그려요.

먼저 그림의 선을 따라 목공풀을 바르고, 그 위에 씨앗을 하나씩 붙여요.

안쪽 면에도 목공풀을 바르고 차근차근 씨앗을 붙여요.

완성된 그림을 충분히 말려요!

여러 가지 재료를 다양하게 써요.

나만의 작품을 만들며 놀아요

넓은 면적을 메우려면 시간이 오래 걸리니
완성의 경험을 할 수 있도록
작은 그림부터 시작해 봐요.

상상력 더하기

막연히 상상해서 그림을 그려보라고 하면 대다수의 아이가
멀뚱멀뚱 어떻게 해야 할지 몰라 어려워합니다. 그럴 땐 아이만의
상상력을 더할 수 있는 소재를 제공해주는 것이 좋습니다.
흔히 알고 있던 동물이나 사람의 일부분을 이용하여
새롭게 표현해 보는 거지요.

도화지	동물 스티커	크레파스	잡지	가위	풀

1

동물 스티커를 준비해요.
얼굴만 있거나 큼직한
것일수록 좋아요.

2

도화지에 동물 얼굴을
붙여요.

 Tip 읽지 않는 동화책에서
얼굴을 오려 사용해도
좋아요.

동물의 몸을 상상하여
자유롭게 그려요.

얼굴을 어떻게 붙이느냐에
따라 처음 보는 상상 속의
동물을 표현할 수 있어요.

머리가 세 개인 오리

다람쥐 얼굴의 부엉이

아이가 어려워하면
"네가 아는 동물 모양을 합쳐
보는 건 어때?" 하고
제시해주는 것도 좋아요.

나만의 작품을 만들며 놀아요

잡지에서 사람 사진을 찾아 오리고 상상력을 더해요.

어떤 표정을 짓고 있을까?
옷도 그려 봐.

이 옷의 주인은 어떤 얼굴일까?

나만의 크레파스

힘 조절을 잘 못 하는 아이들은 크레파스를 쉽게 부러뜨려요.
그냥 버리기에는 아까운 크레파스 조각을 모아 구우면
세상에서 단 하나뿐인 크레파스를 만들 수 있습니다. 새로 산
크레파스보다 더 멋진 나만의 크레파스로 그림을 그려 봅니다.

크레파스 조각   실리콘 모양 틀

실리콘 모양 틀에 여러
가지 색의 크레파스
조각을 모아 넣어요.

오븐에 크레파스를 담은
모양 틀을 넣고 135도로
8분 정도 구워요. 오븐이
없다면 전자레인지를
사용해도 돼요.

 중간에 크레파스가
부글부글 끓어오르면 바로
꺼내야 해요.

③

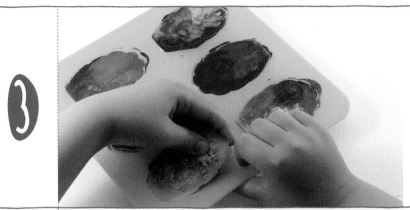

오븐에서 모양 틀을 꺼내고 크레파스가 충분히 식을 때까지 기다린 후, 모양 틀에서 꺼내요.

④

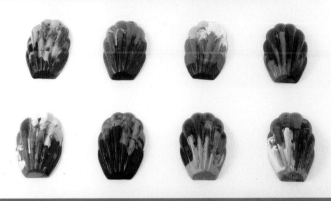

세상에 하나밖에 없는 나만의 크레파스 완성! 포장해서 선물해도 좋아요!

 나만의 작품을 만들며 놀아요

나만의 크레파스로 멋진 그림을 그려요.
이리저리 돌려가며 여러 색을 칠해 보아요.

똑딱똑딱 시계 팔찌

병뚜껑에 시계를 그려서 시계 팔찌를 만들어 봅니다.
아직 시계를 볼 줄 모른다면 큰 바늘과 작은 바늘이 무엇을
나타내는지 알려주세요. 좋아하는 그림을 그려 캐릭터 팔지를
만들어도 좋아할 거예요.

병뚜껑	네임펜	리본	폼 양면테이프	벨크로 스티커

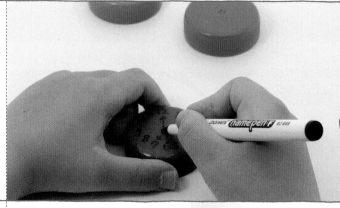

병뚜껑에 네임펜으로
1부터 12까지의 수와 큰
바늘, 작은 바늘을 그려서
시계판을 만들어요.

Tip 큼직한 병뚜껑일수록
그리기가 좋아요.

리본을 아이 손목에 감을
수 있는 길이로 자른 후
병뚜껑 안에 붙여요.
폼 양면테이프를 뚜껑
깊이만큼 말아서 붙이면
잘 붙어요.

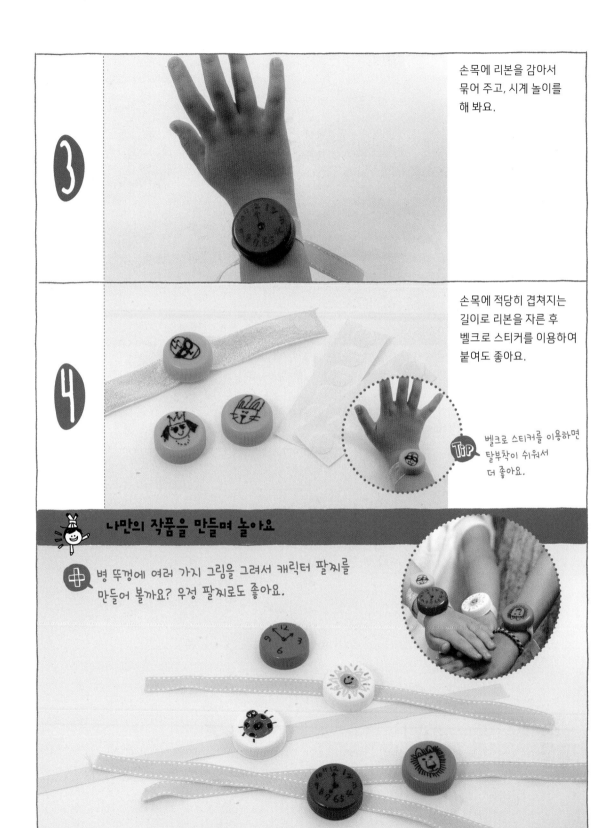

3 손목에 리본을 감아서 묶어 주고, 시계 놀이를 해 봐요.

4 손목에 적당히 겹쳐지는 길이로 리본을 자른 후 벨크로 스티커를 이용하여 붙여도 좋아요.

TIP 벨크로 스티커를 이용하면 탈부착이 쉬워서 더 좋아요.

나만의 작품을 만들며 놀아요

병 뚜껑에 여러 가지 그림을 그려서 캐릭터 팔찌를 만들어 볼까요? 우정 팔찌로도 좋아요.

나풀나풀 발레리나

패턴 오리기로 화려한 튀튀를 만들어서 우아한 발레리나를
만들어 봐요. 종이를 접어 오리는 패턴 오리기는 접는 방법이나
자르는 모양에 따라 생각지 못했던 재미난 모양이 나타나
아이들이 마냥 신기해 합니다.

A4 종이	가위	연필

A4 종이를 정사각형이
되도록 잘라요. 자르고
남은 종이도 버리지
않아요.

그림대로 세 번 접은 후 가위로 여러 가지 모양을 오려 내고 펼치면 멋진 무늬가 있는 튀튀가 돼요.

 가위로 어떻게 오리느냐에 따라
다양한 무늬를 만들 수 있어요.

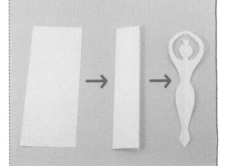

3

직사각형 종이를 길게 반으로 접은 뒤
발레리나 몸의 반쪽 모양으로 오려요.

Tip 튀튀가 몸에 고정될 수 있도록
허리 부분을 잘록하게 오려요.

4

만들어 놓은 튀튀의 중앙에 가위집을
낸 후 발레리나 몸에 튀튀를 끼워요.

Tip 튀튀를 끼울 때 몸을 반으로 접어
끼운 뒤 펼치면 잘 빠지지 않아요.

나만의 작품을 만들며 놀아요

전등 밑에 실로 매달면
불빛 덕분에 발레리나가
더욱 아름답게 보여요.

작은 인형의 집

어른에게는 구분조차 힘든 작은 인형들이지만 아이에게는
하나하나 특별한 인형이지요. 큰 플라스틱 음료병을 이용해서
아이가 사랑하는 작은 인형들에게 딱 맞는 집을 만들어 봐요.
그 공간을 만들고 꾸미면서 안정감과 성취감을 느낄 수 있어요.

대용량 플라스틱 음료병

칼

종이테이프

비즈 스티커

크레파스

칼 사용은
어른이 도와주세요.

큰 플라스틱 음료병을 깨끗이 씻어 말린 뒤 문과
창문 자리를 그려요.

문과 창문을 칼로 도려내요.

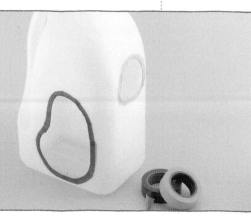

도려낸 면에 손을 다칠
수도 있으니
종이테이프를 잘라
감싸요.

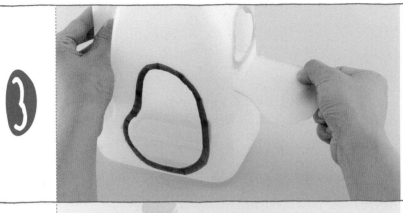

창문 아래에 칼집을 내고
도려낸 문 조각을 끼워서
테라스를 만들어요.

비즈 스티커와 크레파스를
이용해서 인형의 집을
꾸며요.

나만의 작품을 만들며 놀아요

작은 인형들로 이야기를 꾸미며 놀고,
놀이가 끝나면 인형집에 넣어 정리해요.

모두 잘자.

반짝반짝 스노우볼

반짝반짝 빛나는 눈이 내리는 스노우볼은 아이뿐만 아니라
어른들도 좋아하는 장식품입니다. 빈 유리병과 물풀,
아이가 좋아하는 작은 장난감으로 특별한 의미를 담은
스노우볼을 만들어 봅니다.

뚜껑 있는 유리병

작은 장난감

강력 접착제

물풀

물

반짝이 가루(스팽글/비즈)

유리병 뚜껑 안쪽에 작은
장난감을 강력 접착제로
붙이고 완전히 마를
때까지 기다려요.

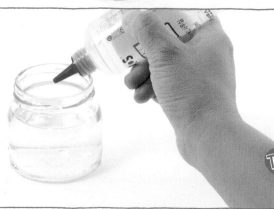

유리병에 물과 물풀을
7:1의 비율로 섞어서
넣어요.

Tip 물풀은 눈이 되는 반짝이
가루 등이 천천히 가라앉게
해 줘요.

3

유리병에 반짝이 가루,
스팽글, 비즈 등을 넣고
잘 섞어요.

4

장난감이 뚜껑에 단단히
붙었는지 확인한 후 뚜껑을
꼭 닫고 병을 뒤집어요.
이제 스노우볼을 이리저리
흔들며 반짝이는 눈이
날리는 것을 구경해요.

TIP 글루건으로 뚜껑과
병 사이를 붙이면
내용물이 새지 않아요.

나만의 작품을 만들며 놀아요

작은 유리병이 생길 때마다 모아
여러 가지 스노우볼을 만들어 봐요.

우유갑 뱃놀이

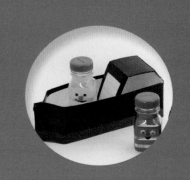

배는 대표적인 탈것 중 하나이지만 배를 직접 타거나 가지고
놀 수 있는 기회는 많지 않아요. 그러니 우유갑으로 직접 만든
배로 뱃놀이를 해 보아요. 놀이를 하며 배가 물에 뜨는
원리를 설명해 주면 이해가 쉬워져요.

우유갑(1L)	칼	자	색 절연테이프	작은 플라스틱병	눈 스티커, 폼폼

❗ 칼 사용은 어른이
도와주세요.

우유갑의 한쪽 면을 사진처럼 잘라낸 후, 앞에서
부터 1cm, 7cm, 5cm 띄운 자리에 칼집을 내요.

칼집대로 접어서 선실 모양을 만들어요.

절연테이프를 꼼꼼히
붙여서 배를 꾸며요.

③

안쪽 바닥에 테이프로
고정시켜요.

배의 안쪽 바닥에 테이프로 접은 부분을
고정해요.

④

Tip 폼폼은 양면테이프나
접착제로 붙여요.

플라스틱병을 절연테이프와 눈 스티커,
폼폼 등으로 꾸며 선원을 만들어요.

우유갑 배와 선원 완성!

⑤

나만의 작품을 만들며 놀아요

물 위에 둥둥 띄워 놀아요!

위험 발생!

위험 발생!

나 좀 구해줘!

종이 상자 자동차

대형 마트에 비치된 자동차 카트는 빈 카트를 발견하기 어려울
정도로 인기 만점이지요. 커다란 종이 상자를 이용해서
아이가 직접 들어가서 탈 수 있는 자동차를 만들어 봅니다.
평소 아이가 좋아하는 색이나 무늬로 꾸미면 더 좋아요.

큰 종이 상자	칼	가위	박스테이프	종이접시 5개 (검은색 4개, 흰색 1개)	노끈	빨간 색종이	목공풀	머핀 컵(종이컵)

 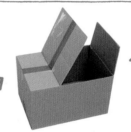 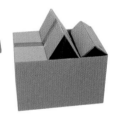

크고 튼튼한 종이 상자를 구해
등받이가 될 부분은 빼내고
박스테이프로 붙여요.

상자의 양옆 모서리 2/3를 칼로
자른 뒤 바깥으로 접어요. 자를
대고 칼등으로 그으면 쉽게 접혀요.

앞 유리와 등받이가 될 부분의
가운데에 칼집을 낸 후 반으로
접어요.

접은 곳을 박스테이프를
둘러 고정한 뒤 색종이나
종이테이프로 장식해요.
물감이나 크레파스로
장식해도 좋아요.

검은색 종이 접시에 빨간 색종이를 동그랗게 오려 붙여서 바퀴 4개를 만든 뒤, 목공풀로 자동차 옆면에 붙여요.

흰색 종이 접시로 핸들을 만들고 앞 유리 부분에 송곳으로 구멍을 내어 끈으로 고정해요. 끈으로 고정하면 핸들이 좌우로 움직여서 더 좋아해요.

머핀 컵이나 종이컵을 앞에 붙여 헤드라이트를 만들면 자동차 완성!

나만의 작품을 만들며 놀아요

자동차에 올라타고 부릉부릉 여행을 떠나요.

아빠! 밀어주세요!

스파게티 몬스터

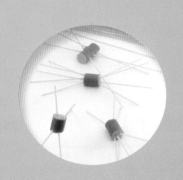

아이들이 좋아하는 소시지에 단단한 스파게티 면을 꽂아서
여러 가지 모양의 몬스터를 만들어 봅니다. 단순한 재료지만
다양한 모양으로 만들 수 있습니다. 또 스파게티 면을 끓는 물에
넣고 삶았을 때 형태가 변화하는 과정도 직접 확인해 봅니다.

소시지

플라스틱 칼과 도마

스파게티 면

소시지를 여러 길이로 잘라요.

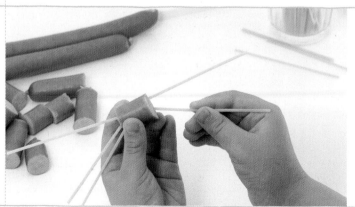

자른 소시지에 스파게티
면을 꽂아요. 스파게티
면을 뚝뚝 잘라 꽂아도
돼요.

길고 짧은 소시지에 여러 개의 스파게티 면을 꽂아서
다양한 몬스터를 만들어요.

③

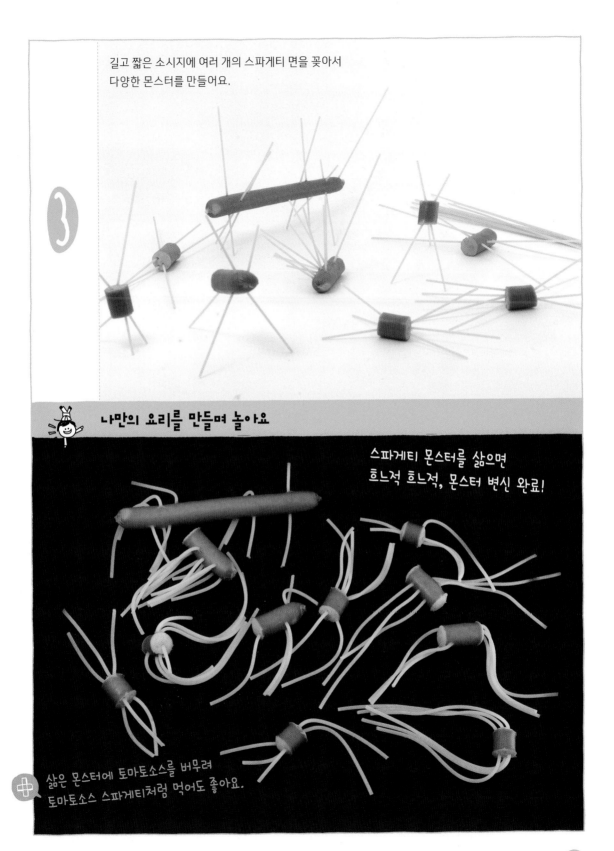

나만의 요리를 만들며 놀아요

스파게티 몬스터를 삶으면
흐느적 흐느적, 몬스터 변신 완료!

삶은 몬스터에 토마토소스를 버무려
토마토소스 스파게티처럼 먹어도 좋아요.

핼러윈 과자

핼러윈은 서양의 축제이지만, 요즘은 우리나라에서도
핼러윈을 즐기는 사람들이 많아졌지요. 오레오 과자를 주재료로
핼러윈에 어울리는 과자를 만들고, 친구들과 나누어 먹으면
핼러윈이 더욱 특별한 기억으로 남을 것입니다.

오레오	초콜릿 펜	초콜릿 칩	초콜릿 볼	초콜릿 막대 과자

🐱 이야옹! 고양이

Tip 따뜻하게 데운 초콜릿 펜으로 오레오에
초콜릿 칩과 초콜릿 볼을 붙여요.

푸드득~ 박쥐

Tip 오레오 과자를 떼어 내고 크림이 덜
붙은 면을 반으로 잘라 날개로 사용해요.

꼬물꼬물 거미

Tip 오레오 과자를 떼어 낸 후 크림이 많은
면에 초콜릿 막대 과자를 얹어요.

만들다가 실패해도
걱정 없어요!
냠냠 먹으면 되니까요.

튀밥 롤리팝

녹인 마시멜로에 튀밥을 버무려 롤리팝 모양의 강정을 만들어요.
뜨거운 팬을 사용하므로 엄마가 주로 만들어야 하지만
준비물을 함께 챙기고, 젓는 과정을 돕고, 직접 모양을 만드는
과정에만 참여해도 아이가 뿌듯해하는 요리가 되어요.

버터　　프라이팬/가스레인지　　마시멜로　　튀밥　　마른 과일　　종이 포일　　일회용 비닐장갑　　나무젓가락

약한 불에 프라이팬을
올리고 버터 한 조각을
넣어 녹여요.

마시멜로를 넣고 타지 않도록 약한 불에서 잘 저으며 골고루 녹여요.

③ 녹은 마시멜로에 튀밥과 마른 과일을 넣어요. 끈적임이 없어질 정도로 충분히 넣는 게 좋아요.

종이 포일을 깐 쟁반 위에 마시멜로에 버무린 튀밥을 옮겨요.

④ 손에 일회용 장갑을 끼고 적당량을 덜어 동그랗게 빚은 다음 나무젓가락을 꽂아요.

! 적당히 식은 후 뭉치면 아이도 충분히 할 수 있어요.

 나만의 요리를 만들며 놀아요

와그작 와그작 맛있는
튀밥 롤리팝 완성!

➕ 튀밥과 시리얼을
섞어 만들거나
초콜릿 가루를
묻히면 더 맛있어요.

마시멜로 건축 놀이

말랑말랑 달콤한 마시멜로에 이쑤시개를 꽂아서 여러 가지
입체 구조물을 만들어 봅니다. 점과 선을 연결해서 입체물이
되는 과정을 알게 되고, 큰 입체물을 만들면서 조형감각과
균형감도 키울 수 있습니다.

미니 마시멜로   이쑤시개

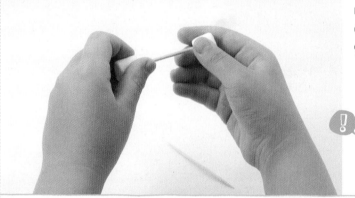

미니 마시멜로에
이쑤시개를 꽂아
연결해요.

> 놀이를 시작하기 전에
> 손을 깨끗이 닦고, 활동
> 공간에 전지를 깔아요.

먼저 삼각형과 사각형
같은 평면 도형을 만들어
보아요.

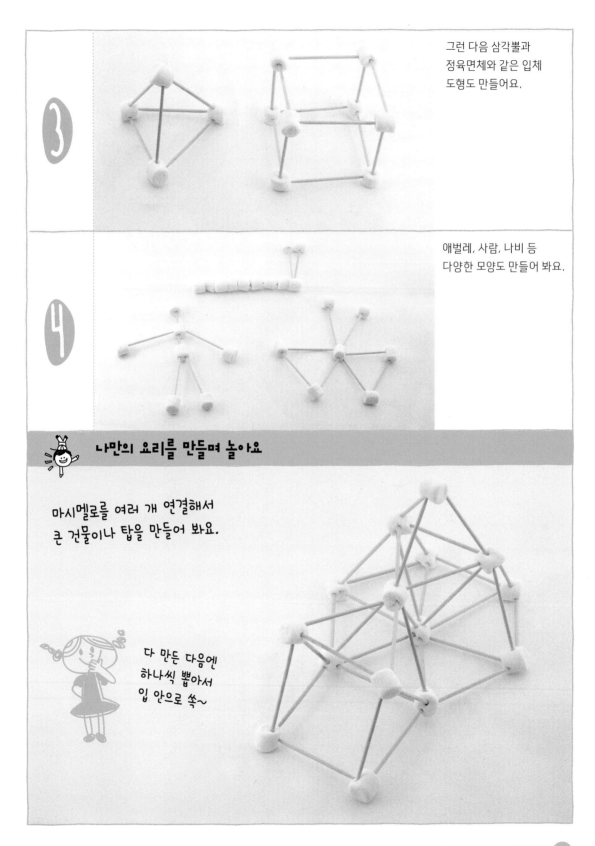

③ 그런 다음 삼각뿔과
정육면체와 같은 입체
도형도 만들어요.

④ 애벌레, 사람, 나비 등
다양한 모양도 만들어 봐요.

🧑‍🍳 나만의 요리를 만들며 놀아요

마시멜로를 여러 개 연결해서
큰 건물이나 탑을 만들어 봐요.

다 만든 다음엔
하나씩 뽑아서
입 안으로 쏙~

젤리 아이스크림

아이스크림을 직접 만드는 건 그 과정 자체가 재미있는
놀이입니다. 맛있는 건 당연하고요. 아이들이 좋아하는 젤리와
주스를 이용해서 아이스크림 바를 만들어 봅니다.
열이면 열, 냉동실을 계속 열어볼 거예요.

여러 가지 젤리

아이스크림 틀

주스

다양한 모양과 색의
젤리와 아이스크림 틀을
준비해요.

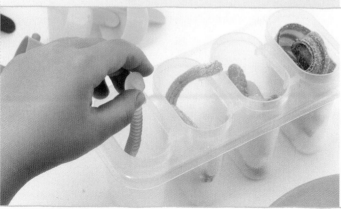

아이스크림 틀에 원하는
젤리를 넣어요.

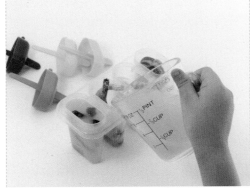

Tip 얼면서 넘칠 수 있으니 가득 붓지 않도록 해요.

③ 주스를 아이스크림 틀에 적당히 부어요.

④ 뚜껑을 닫고 냉동실에 넣어 충분히 얼려요.

 나만의 요리를 만들며 놀아요

형형색색 예쁘고 맛있는 젤리 아이스크림 완성!
하나씩 나눠 먹으며 모양과 맛을 말로 표현해 봐요.

꽃 카나페

꽃 카나페는 만드는 과정도 신나고 먹는 것도 즐거운
요리 놀이예요. 요즘은 마트에서 쉽게 식재료용 꽃을 살 수
있으니 준비물을 구하는 것도 어렵지 않아요.

크래커

식용꽃

�잼이나 유자청

마시멜로

블루베리

1 식용꽃과 블루베리(과일),
�잼이나 유자청, 마시멜로
등 꽃 카나페를 만들
재료를 모두 준비해요.

❗ 산에서 따온 진달래,
개나리, 제비꽃, 벚꽃 등은
먹어도 되지만 도로의
꽃은 먹어서 안 돼요. 또한
꽃잎만 먹는 게 안전해요.

2 크래커 위에 유자청이나
꿀, �잼 등을 발라요.

마음에 드는 꽃을 올리고
블루베리나 과일,
마시멜로 등을 곁들여
꾸며요.

 나만의 요리를 만들며 놀아요

보기에도 예쁘고 맛도 좋은 꽃 카나페예요.
향기가 좋아 나비가 날아 올지도 몰라요~

주먹밥 친구들

아이들이 가장 쉽게 할 수 있는 요리가 주먹밥이에요. 다칠
위험이 적고 설령 예쁘게 만드는 데 실패해도 맛있게 먹을 수
있거든요. 아이가 직접 뭉친 주먹밥에 얼굴 장식을 해서
주먹밥 친구들을 만들고 함께 맛있는 간식 시간을 가져 봐요.

| 밥 | 참기름 | 깨소금 | 소시지 | 모양틀 | 김 | 치즈 | 당근 | 칼과 도마 |

큰 볼에 밥을 담고
적당량의 참기름과
깨소금을 넣고 잘
섞어요.

Tip 주먹밥에 미리 이름을 붙이는
것도 좋고, 만든 후에 이름을
붙여도 좋아요.

주먹밥을 꾸밀 재료들을
손질해요. 소시지는 둥근
면으로 자르고, 당근과
치즈는 모양틀로 여러
모양을 만들어요.

3

원하는 크기와 모양대로 빚어요.

위생장갑을 끼고 양념한 밥을 둥글게 빚어요.

자른 김으로 밥을 감싸 머리카락을 표현해요.

4

주먹밥에 준비해 둔 재료를 붙여 원하는 얼굴 모양을 표현해요.

Tip 김 펀치를 사용하면 김을 작게 자르기 편해요.

나만의 요리를 만들며 놀아요

이 주먹밥의 이름은 뭐지?

Tip 올린 머리는 김에 싼 밥을 스파게티 면에 꽂아 주먹밥에 꽂으면 돼요.

뭐가 제일 맛있게 보이지?

아이, 맛있어!

삐리리 빨대 플루트

여러 개의 빨대를 이용해서 여러 가지 음이 나는 플루트를
만들어 봐요. 이렇게 음을 표현하는 악기를 직접 만들어서
연주하면 음악을 놀이처럼 접하면서 자연스럽게 음의
높낮이에 대해 알게 됩니다.

빨대 8개	가위	아이스크림 막대	양면테이프	종이테이프

빨대 8개를 모두 다른
길이가 되도록 잘라요.

 빨대 하나는 그대로 두고,
2cm씩 짧게 잘라요.

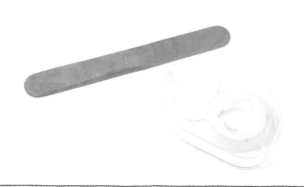

아이스크림 막대 한쪽
면에 양면테이프를
붙여요.

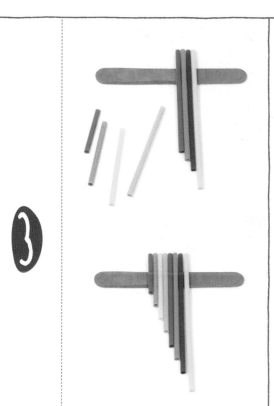

③ 빨대를 길이 순서대로 나란히 아이스크림 막대 위에 붙여요.

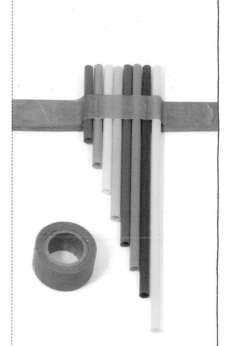

④ 빨대 윗면을 종이테이프로 고정해요.

신나게 놀아요

휘~ 휘~ 빨대 플루트를 불어요.
요령이 생기면 소리가 점점 더 커져요.

Tip 입술을 빨대 가까이에 대고
후 불어야 소리가 잘 나요.

통통통 깡통 드럼

신나게 북을 두드리는 활동은 아이의 청각을 자극하고
손과 팔의 근육 발달에도 도움이 됩니다. 여러 가지 크기의
깡통으로 드럼을 만들어서 신나게 연주해 보고,
각각 어떤 소리가 나는지 비교해 봅시다.

| 깡통 | 색지 | 무늬 색종이 | 풍선 | 나무젓가락 | 종이테이프 | 풀 | 가위 |

1

깨끗하게 닦은 깡통 여러
개를 준비해서 옆면에
색지를 붙여요.

 여러 가지 크기와 높이의
깡통을 준비하면 다양한
소리가 나는 드럼을 만들 수
있어요.

2

무늬 색종이나 스티커로
옆면을 꾸며요.

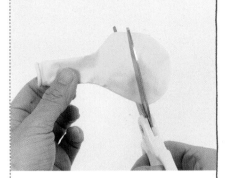

③ 풍선을 반으로 잘라요.

풍선을 끼우는 활동은 아이들에게 어렵고 손을 다칠 수도 있으니 어른이 도와주세요.

④ 깡통 입구에 풍선을 최대한 팽팽하게 끼워요.

⑤ 같은 방법으로 여러 개의 드럼을 만들고, 나무젓가락 끝을 종이테이프로 감싸 채를 만들어요.

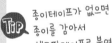
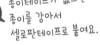

TIP 종이테이프가 없으면 종이를 감아서 셀로판테이프로 붙여요.

신나게 놀아요

노래에 맞춰 신나게 두드려요!

\통/ \통/ \통/

병뚜껑 딱딱이

박스지와 병뚜껑으로 '딱딱' 소리를 내는 간단한 악기를
만들어 봐요. 세게, 약하게, 빠르게, 느리게 여러 가지
방법으로 소리를 내 보면서 청각을 자극할 수 있어요.

박스지	가위	자	사인펜(마커)	금속 병뚜껑 2개	폼 양면테이프

1

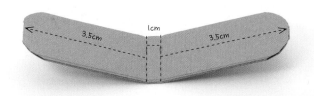

박스지를 제시한
도안대로 자르고,
중간 부분을 접어요.

Tip 박스지를 접을 때는
미리 칼집을 내야
접기 쉬워요.

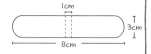

2

바깥쪽 면에 사인펜이나
마커로 원하는 동물
얼굴을 그려요.

3

병뚜껑 안쪽에 폼 양면테이프를 붙여요. 병뚜껑 높이만큼 말아 붙여야 박스에 잘 붙어요.

박스지 안쪽 면 양쪽 끝에 병뚜껑을 붙여요.

4

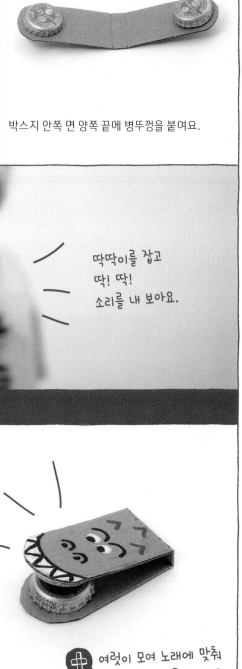

딱딱이를 잡고
딱! 딱!
소리를 내 보아요.

신나게 놀아요

양손에 하나씩 쥐고 세게, 약하게, 빠르게, 느리게 여러 가지 소리를 내 보아요.

여럿이 모여 노래에 맞춰 딱딱이 합주회를 해 봐요.

막대 하모니카

아이스크림 막대 사이에 종이를 끼워 넣어서 풀피리처럼 소리가
나는 하모니카를 만들어 봅니다. 종이 외에 다른 재료를 넣어
보고, 재료에 따라 각각 어떤 소리가 나는지 비교해 보는
것도 좋습니다.

아이스크림 막대 2개	사인펜(마커)	종이	가위	이쑤시개 2개	고무밴드 2개

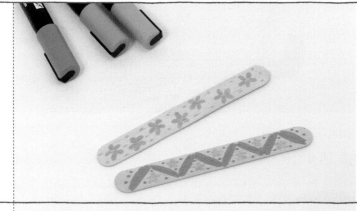

아이스크림 막대 한 면을
사인펜이나 마커로
꾸며요.

종이를 아이스크림 막대
보다 조금 작게 잘라서
막대 안쪽에 올리고,
그 위에 이쑤시개를
올려놓아요.

그 위에 다른 아이스크림 막대를 올려놓아요.

이쑤시개 안쪽에 고무밴드를 감아 고정해요.

반대쪽에도 이쑤시개를 끼우고 고무밴드로 고정해요.

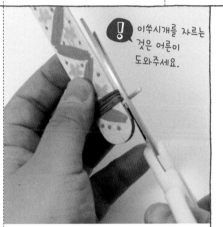

! 이쑤시개를 자르는 것은 어른이 도와주세요.

튀어나온 이쑤시개를 가위로 잘라요.

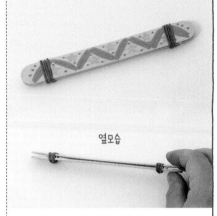

옆모습

이제 아이스크림 하모니카가 완성되었어요.

신나게 놀아요

막대 하모니카를 입에 물고 불어요.
어떤 소리가 들리나요?

종이 대신 고무밴드나 알루미늄 포일을 끼워 만들어 봐요. 재료에 따라 소리가 달라지는 것을 알 수 있어요.

종이 상자 기타

집에서 쓰고 남은 각 티슈 상자와 키친타월 심에 고무밴드를 걸어 주면 멋진 기타를 만들 수 있습니다. 앞서 만든 딱딱이나 드럼과 함께 연주회를 해 보는 것도 좋은 놀이가 될 것입니다.

각 티슈 상자	키친타월 심	목공풀	가위	칼	박스지	고무밴드 3개	셀로판테이프

1

각 티슈 상자 위쪽에 원래 구멍보다 조금 크게 구멍을 내요.

 Tip 각 티슈와 비슷한 크기의 상자를 구해 구멍을 뚫어도 돼요.

2

! 키친타월 심은 단단해서 자르기 어려우니 어른이 도와주세요.

키친타월 심의 한쪽 끝에 사진처럼 가위집을 내고 바깥으로 접어요.

잘라서 접은 면에 목공풀을 발라서 각 티슈 상자 옆면에 붙여요.

3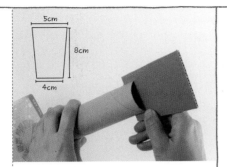

다른 쪽 끝에 3cm 깊이의 칼집을 내고,
8×5cm로 자른 박스지를 끼워요.

4

⚠️ 칼집을 낼 때는
어른이 도와주세요.

상자의 양쪽 모서리에 고무밴드를 걸 수
있도록 그림처럼 칼집을 내요.

5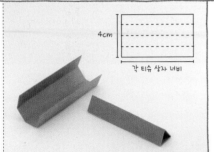

상자의 너비 길이로 자른 박스지나 두꺼운
도화지를 접어 지지대 2개를 만들어요.

6

Tip 위 지지대가 기울어 있어야
고무밴드마다 음이 달라져요.

칼집에 고무밴드를 끼우고 양 끝을
셀로판테이프로 튼튼히 고정해요.

🐰 신나게 놀아요

기타 줄을 튕기며
노래를 불러요.

➕ 각 티슈 상자를 색종이나
스티커로 예쁘게 꾸미는 것도
즐거운 놀이가 돼요.

조물딱 친환경 점토

점토는 아이의 소근육을 발달시키고, 표현력과 상상력을
길러 주는 좋은 놀이 재료입니다. 이왕이면 아이가 계속 만져도
위해성이 없도록 밀가루로 친환경 점토를 만들어 보세요.
만드는 과정에서 더 큰 재미를 느낄 수 있습니다.

 밀가루 2컵   소금 1/2큰술   믹싱 볼   거품기   식용유 2큰술   식용색소   물 1컵

①

밀가루와 소금을 믹싱 볼에 넣고 거품기로 잘 섞어요.

❗ 밀가루를 들이키면 호흡기에 좋지 않으니 마스크를 쓰고 섞어요.

②

믹싱 볼 가운데에 식용유 2큰술과 식용색소를 조금 넣고 잘 섞어요.

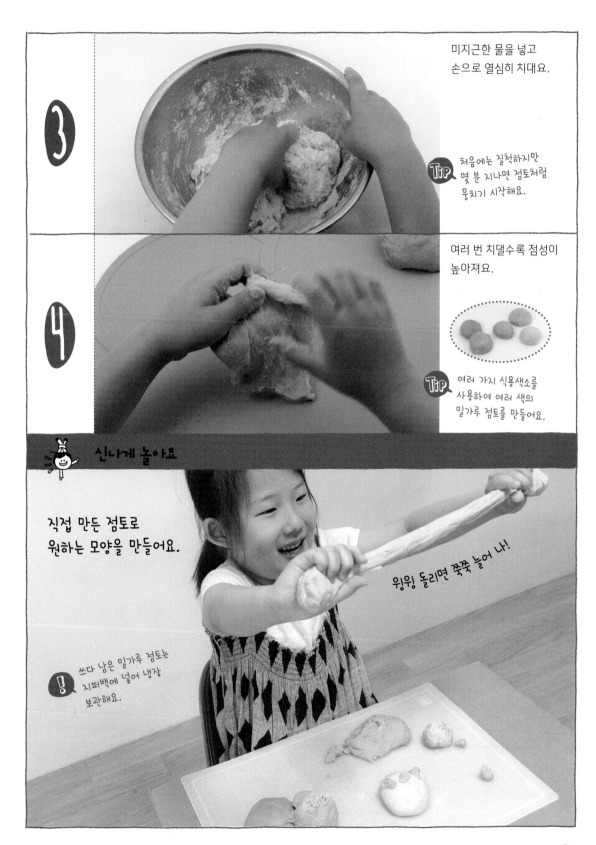

③ 미지근한 물을 넣고
손으로 열심히 치대요.

Tip 처음에는 질척하지만
몇 분 지나면 점토처럼
뭉치기 시작해요.

④ 여러 번 치댈수록 점성이
높아져요.

Tip 여러 가지 식용색소를
사용하여 여러 색의
밀가루 점토를 만들어요.

신나게 놀아요

직접 만든 점토로
원하는 모양을 만들어요.

윙윙 돌리면 쭉쭉 늘어 나!

! 쓰다 남은 밀가루 점토는
지퍼백에 넣어 냉장
보관해요.

수수께끼 상자

두근두근, 이게 과연 뭘까? 아이뿐만 아니라 어른들도 재미있어할
만한 수수께끼 상자를 만들어 봐요. 시각의 도움을 받지 않고
손의 촉각만으로 물건을 인지하는 활동은 아이의 집중력을
높여 주며, 호기심과 탐구심을 키워 줄 수 있습니다.

종이 상자

칼

큰 반팔 티셔츠

상자 안에 넣을 다양한 물건들

1

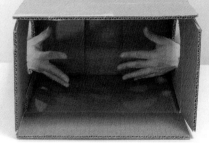

상자의 양 옆면에 팔이 들어갈 크기의 동그란 구멍을 뚫어 주세요.

 칼 사용은 어린이
도와주세요.

2

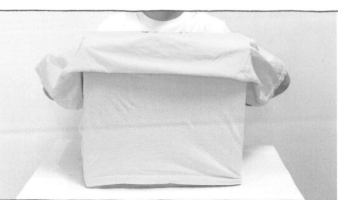

큰 티셔츠를 상자에 감싸
씌워요. 티셔츠의 허리
부분이 상자의 뚫린 면
입구에 오도록 해야 해요.

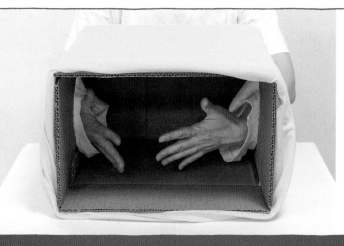

상자 양옆의 구멍으로
티셔츠의 소매를 넣어요.

다양한 물건을 수수께끼 상자에 넣고
만져 보면서 무엇인지 맞혀 보아요.

이건 뭘까?

❗ 날카로워서 손을 다칠 수
있거나 쉽게 부서지는
물건은 피해 주세요.

말랑말랑 하트 쿠션

평소 입지 않는 티셔츠가 있다면 과감히 잘라서 쿠션을 만들어
봐요. 바느질 없이 매듭을 짓는 것만으로도 진짜 쿠션을
만들 수 있어 아이들에게 남다른 성취감을 느끼게 해 줍니다.
이왕이면 큼직하게 만들어서 아이 전용 쿠션으로 사용해요.

| 티셔츠 또는 부직포 | 종이 | 가위 | 시침 핀 | 구슬솜 |

원하는 쿠션 크기의 하트를 종이에 그려 오린
다음 티셔츠나 2장의 부직포 위에 올려요.

하트 종이 본 대로 그린 후, 5cm 큰 하트를
하나 더 그려요.

시침 핀으로 군데군데
고정한 후, 큰 하트
모양대로 오려요.

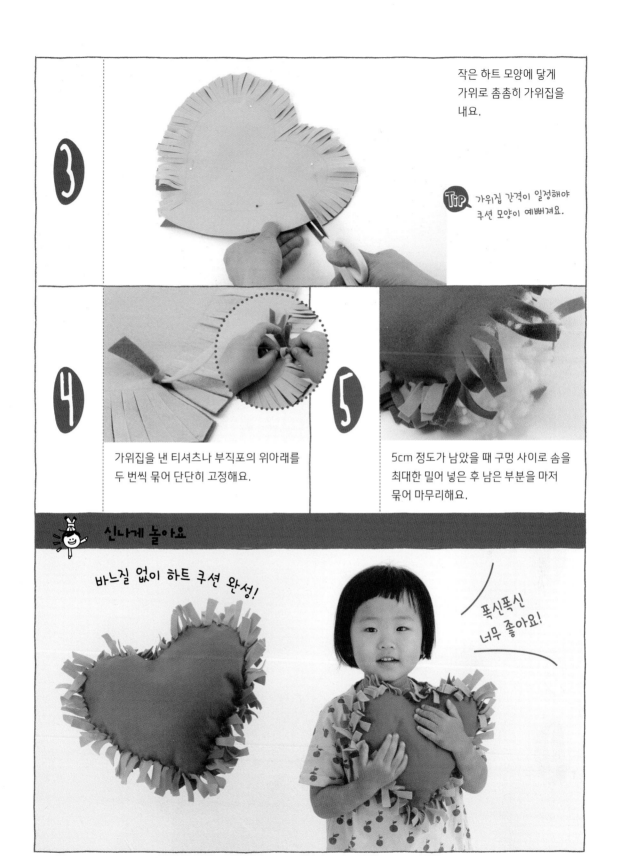

작은 하트 모양에 닿게
가위로 촘촘히 가위집을
내요.

Tip 가위집 간격이 일정해야
쿠션 모양이 예뻐져요.

가위집을 낸 티셔츠나 부직포의 위아래를
두 번씩 묶어 단단히 고정해요.

5cm 정도가 남았을 때 구멍 사이로 솜을
최대한 밀어 넣은 후 남은 부분을 마저
묶어 마무리해요.

🐰 신나게 놀아요

바느질 없이 하트 쿠션 완성!

폭신폭신
너무 좋아요!

지그재그 머리 땋기

손의 소근육 발달을 위해 많이 하는 활동이 구멍에 끈
꿰기입니다. 거기서 조금 더 업그레이드해서 운동화 끈을
이용해서 머리 땋기를 해 봅니다. 땋기 활동은 쉽지 않은
손 조작 활동으로 수학적 사고와 집중력이 필요합니다.

상자

네임펜(마커)

운동화 끈 6개

송곳

머리를 땋을 뒷모습을
네임펜이나 마커로
그려요.

머리카락 땋기를 시작할
위치에 송곳으로 구멍을
3개씩 뚫어요.

! 송곳 사용은
어른이 도와주세요.

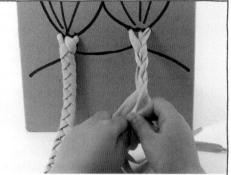

구멍으로 운동화 끈 한쪽을 집어넣고 왼쪽, 오른쪽 각 3줄을 한꺼번에 매듭지어요.

머리 아래로 늘어진 운동화 끈을 머리카락처럼 땋아요.

 신나게 놀아요

머리 양쪽을 차례로 예쁘게 땋아요.

Tip 아이들은 왼쪽 오른쪽 교차 땋기를 어려워할 수 있으니 부모가 먼저 땋으며 방법을 알려 주세요.

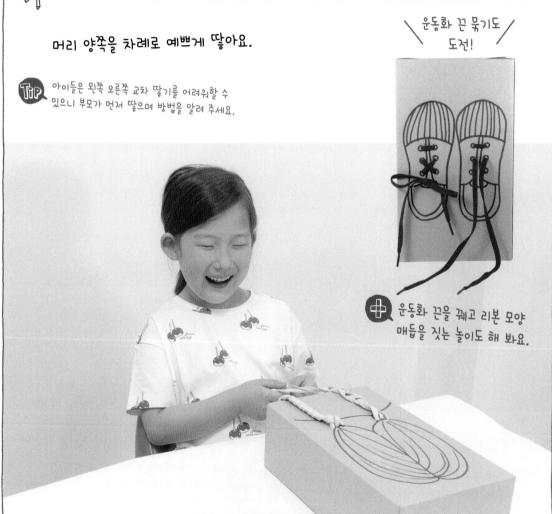

＼운동화 끈 묶기도／ 도전!

➕ 운동화 끈을 꿰고 리본 모양 매듭을 짓는 놀이도 해 봐요.

123 숫자 피자

아이들이 좋아하는 피자 모양의 수 조각 카드를 만들어서
숫자 놀이를 해 봅니다. 사물의 개수와 수를 짝짓는 일대일
대응은 수 개념을 익히는 첫 단계입니다.

 종이 접시 2개   동그라미 스티커   사인펜   가위   자

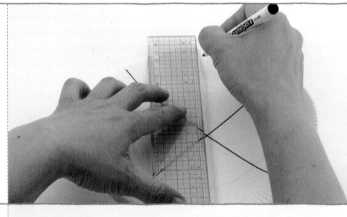

종이 접시 2개에 8조각
으로 나누는 선을 그어요.

종이 접시 하나에 1부터
8까지의 숫자를 써요.
순서대로 쓰지 않고
섞어서 쓰는 게 좋아요.

다른 접시의 칸에 동그라미 스티커를 1개부터
8개까지 붙인 후 선대로 오려요.

숫자 피자 놀이판과 조각이 완성되었어요.

피자 판에 있는 숫자에
맞는 피자 조각을 찾아
올려요.

엄마가 부른 숫자에 맞는 피자 조각을
맞추는 놀이나 반대로 스티커의
동그라미 수에 맞는 숫자 조각을
올리는 것도 재미있어요.

데굴데굴 숫자 미로

수의 순서를 익힐 수 있는 재미있는 미로를 만들어 봅니다.
상자에 숫자를 쓴 휴지 심을 붙여서 숫자 미로를 만들고,
순서대로 길을 찾는 놀이를 하다 보면 자연스럽게
수의 순서를 익힐 수 있습니다.

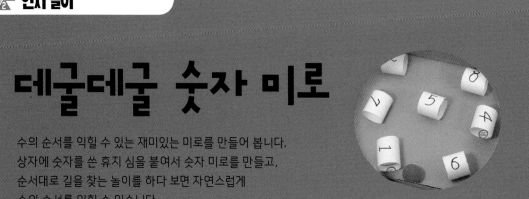

종이 상자	휴지 심 4개	사인펜	칼	구슬(작은 공)	양면테이프

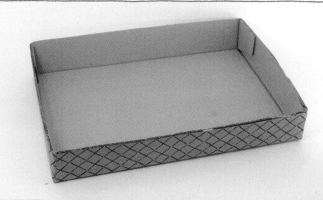

넓고 얕은 종이 상자를
준비해요.

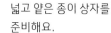

Tip 큰 상자를 잘라 써도
좋아요.

휴지 심 4개를 모두
반으로 잘라요.

 칼 사용은
어른이 도와주세요.

휴지 심 조각에 1부터
8까지의 숫자를 쓴 후
종이 상자 바닥에
양면테이프로 붙여요.

상자에 구슬이나 작은
공을 넣고 미로 놀이를
해요.

이렇게 놀 수도 있어요

1부터 8까지 길을 찾아가 봐요.
익숙해지면 8부터 1까지 거꾸로 찾아가요.

 엄마가 부른 숫자를 찾아
통과하는 놀이도 재미있어요.

6을 지나 4를
통과해 봐!

폼폼 숫자 맞추기

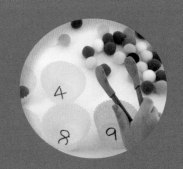

수를 익히는 가장 기본은 사물의 개수를 세어 보는 것입니다.
숫자가 쓰여 있는 머핀 컵에 숫자대로 폼폼을 넣는 놀이를
하면서 반복적으로 사물의 개수를 세어보는 연습을 해 봅니다.

머핀 컵	사인펜	집게	폼폼	아이스크림 막대	작은 고무밴드

머핀 컵 바닥에 1부터
9까지의 숫자를 써요.

컵을 순서대로 나란히
늘어놓아요.

Tip 처음에는 1부터 9까지 숫자 순서대로 넣고, 아이가 익숙해지면 순서를 섞은 뒤에 넣어요.

머핀 컵에 쓰여 있는 숫자에 맞게 집게로 폼폼을 넣어요.

이렇게 놀 수도 있어요

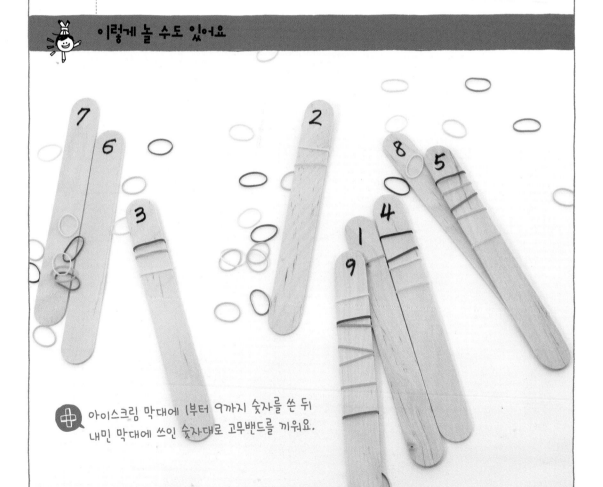

아이스크림 막대에 1부터 9까지 숫자를 쓴 뒤 내민 막대에 쓰인 숫자대로 고무밴드를 끼워요.

목욕탕 도형 놀이

색색의 컬러 투명 파일로 기본 평면 도형을 만든 다음
욕실 벽에 붙여 여러 가지 모양을 만들어요. 물에 젖은 투명
파일은 욕실 타일 벽에 잘 붙을뿐더러 목욕할 때 물에 띄워
놓고 놀 수도 있는 좋은 놀잇감입니다.

컬러 투명 파일   칼   자

여러 색의 투명 파일을
정사각형으로 잘라요.

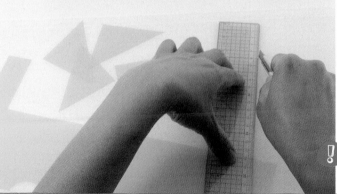

자른 정사각형을 다시
대각선으로 잘라
삼각형을 만들어요.

! 칼 사용은 어린이
도와주세요.

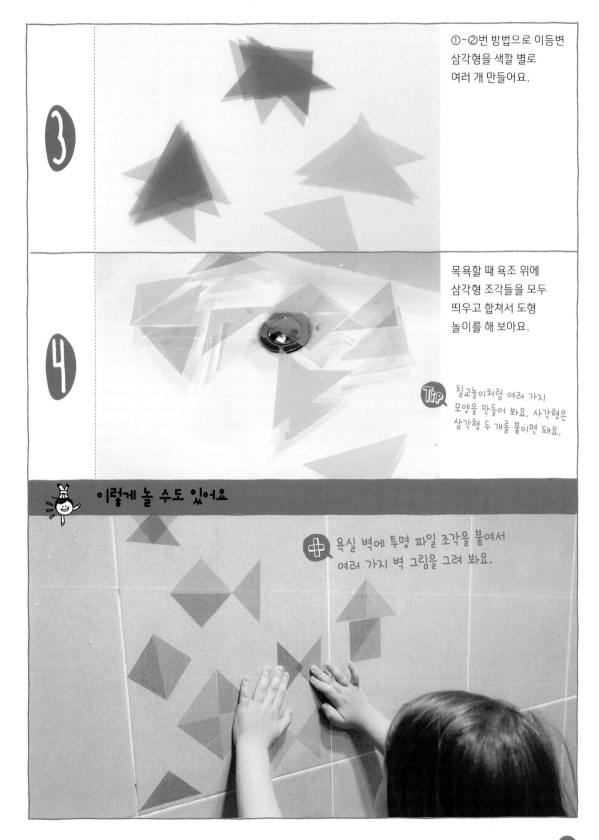

①~②번 방법으로 이등변 삼각형을 색깔 별로 여러 개 만들어요.

목욕할 때 욕조 위에 삼각형 조각들을 모두 띄우고 합쳐서 도형 놀이를 해 보아요.

Tip 칠교놀이처럼 여러 가지 모양을 만들어 봐요. 사각형은 삼각형 두 개를 붙이면 돼요.

이렇게 놀 수도 있어요

욕실 벽에 투명 파일 조각을 붙여서 여러 가지 벽 그림을 그려 봐요.

벨크로 막대 블록

아이스크림 막대에 벨크로 스티커를 붙여 막대 블록을
만들어 봅니다. 막대를 연결해서 여러 가지 모양을 만들며
숫자나 도형, 한글 자음과 친해질 수 있습니다.

컬러 아이스크림 막대   벨크로 스티커

아이스크림 막대의 한쪽
끝에는 벨크로 스티커의
보들거리는 면을, 다른
한쪽 끝에는 까끌까끌한
면을 붙여요. 막대 뒷면
에는 반대로 붙여요.

준비한 막대 모두에
앞뒤로 벨크로 스티커를
붙여요. 최대한 여러 개를
만드는 게 좋아요.

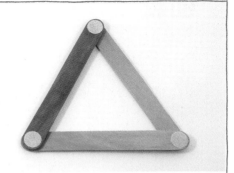

벨크로 막대끼리 연결하여 네모, 세모 모양을 만들어 봐요.

여러 개의 막대를 자유롭게 연결해서 여러 가지 모양을 만들어요.

이렇게 놀 수도 있어요

엄마가 얘기한 한글 자음이나 숫자를 벨크로 막대로 만들어 봐요.

종이 접시 퍼즐

종이 접시를 이용해서 아이가 좋아하는 그림 퍼즐을 만들어
봅니다. 아이의 연령과 수준을 고려해서 퍼즐 조각의 개수를
조절하면 맞춤형 퍼즐 놀이를 할 수 있습니다.

종이 접시	사인펜	가위	셀로판테이프

Tip 그림을 직접 그리기
어렵다면 잡지나 그림책을
오려 붙여도 좋아요.

종이 접시에 꽉 차게
그림을 그려요. 엄마가
그려도 좋고, 아이가
그려도 좋습니다.
단, 배경의 빈자리에도
패턴을 그려 넣어야
맞추기 좋습니다.

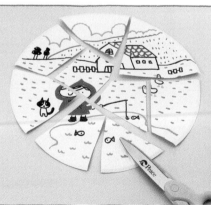

가위로 종이 접시를 조각
조각 잘라서 퍼즐 조각을
만들어요.

Tip 아이에게 적당한 퍼즐
조각 수를 고려하여
어른이 오려 주세요.

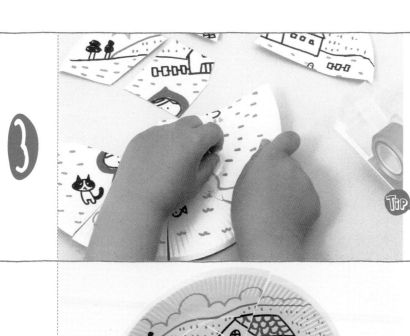

 잘라낸 접시 퍼즐 조각을
맞춰요. 제자리를 찾은
조각들은 셀로판테이프로
붙여요.

Tip 아이가 퍼즐 맞추기를 어려워
할 수도 있으니 자르기 전에
사진으로 찍어 두면 좋아요.

 원래 그림대로 맞추면 완성!

종이 접시 퍼즐
성공!

이렇게 놀 수도 있어요

종이컵 퍼즐도 재미있어요!

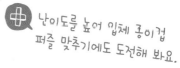 난이도를 높여 입체 종이컵
퍼즐 맞추기에도 도전해 봐요.

과자 고리 쌓기

동그란 고리 모양 과자를 이용해서 간단하게 고리 쌓기
장난감을 만들어 놀아요. 고리 하나를 세워 쌓는 놀이를 해도
좋고, 고리 여러 개를 세워 규칙대로 쌓는 놀이도 좋습니다.

클레이	스파게티면	고리 모양 과자	쟁반

클레이를 조그맣게
뭉쳐서 쟁반에 붙여요.

클레이에 스파게티 면을
꽂아요.

③ 여러 가지 색깔의 고리 모양 과자를 끼우며 놀아요.

④ 색의 순서를 정한 후 정한 순서대로 과자를 끼우며 놀아도 좋아요.

초록 2개, 빨강 2개를 순서대로 끼우자!

이렇게 놀 수도 있어요

엄마가 다양한 패턴을 만든 후 나머지를 채워 봐요.

노랑, 주황

빨강, 주황, 주황, 노랑

초록, 빨강, 노랑

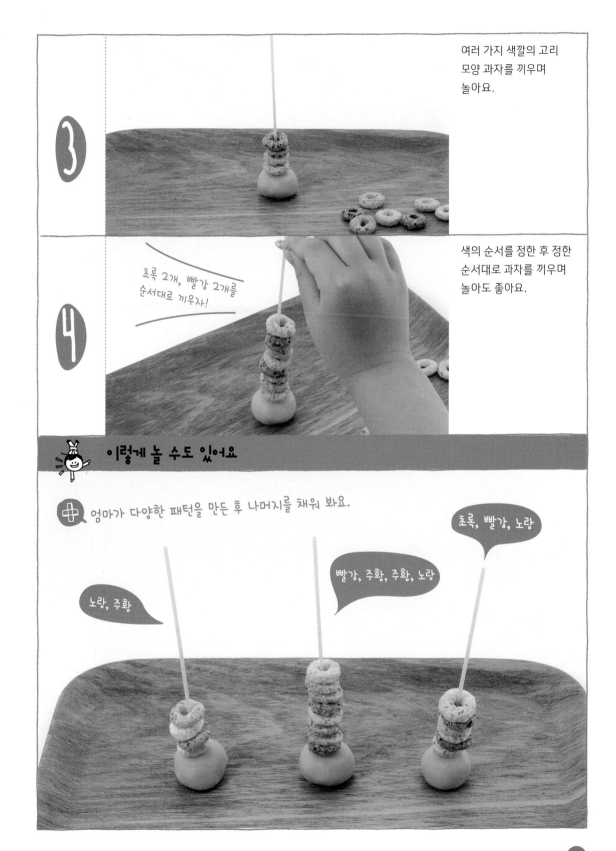

우유갑 주사위

우유갑 종이로 주사위를 만들어 놀아 볼까요?
주사위를 직접 접어 만들면 평면이 입체가 되는 과정을
접할 수 있습니다. 주사위 2개를 던져 나온 수를 합치면서
간단한 연산 놀이도 해 보세요.

우유갑 2개(1L)	칼	자	사인펜(마커)	셀로판테이프	바둑알	종이컵

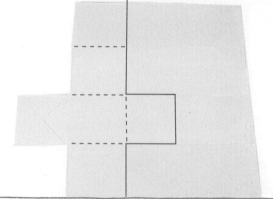

우유갑을 잘라서 펼쳐
놓아요. 제시한 도안대로
밑그림을 그려 오리고,
점선 부분은 접기 좋도록
칼등으로 자국을 내요.

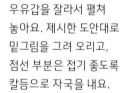

 칼 사용은
어른이 도와주세요.

흰 면이 나오도록
우유갑을 접고 세 모서리를
테이프로 붙여서
주사위를 만들어요.
이런 방법으로 주사위
2개를 만들어요.

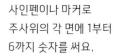
사인펜이나 마커로
주사위의 각 면에 1부터
6까지 숫자를 써요.

 이렇게 놀 수도 있어요

 친구와 바둑알 모으기 놀이를 해 볼까요?

 바둑알이 없으면 콩알이나
시리얼 조각으로 대신해요.

① 각자 빈 종이컵을 하나씩 가져요.
② 가위바위보로 순서를 정해요.
③ 두 주사위를 던져서 나온 수를 더해서 그 수만큼 바둑알을 가져가요.
④ 종이컵을 먼저 가득 채운 사람이 이겨요.

숫자 대신 가위바위보 그림을 두 번씩
그리고 주사위 가위바위보 놀이를 해요.

덧셈 팬케이크

엄마가 구워주는 따끈따끈한 팬케이크는 아이들이 좋아하는
간식이지요. 팬케이크와 비슷한 갈색 색지를 둥글게 오려
아이와 뒤집기 놀이를 하면서 덧셈 놀이를 해 봅니다.

두꺼운 색지	컵	연필	사인펜	가위	뒤집개

두꺼운 색지 위에 컵을
대고 동그라미를 가득
그린 다음 가위로 오려요.

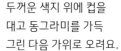

한쪽 면에는 간단한 덧셈
문제를, 다른 면에는 답을
써요.

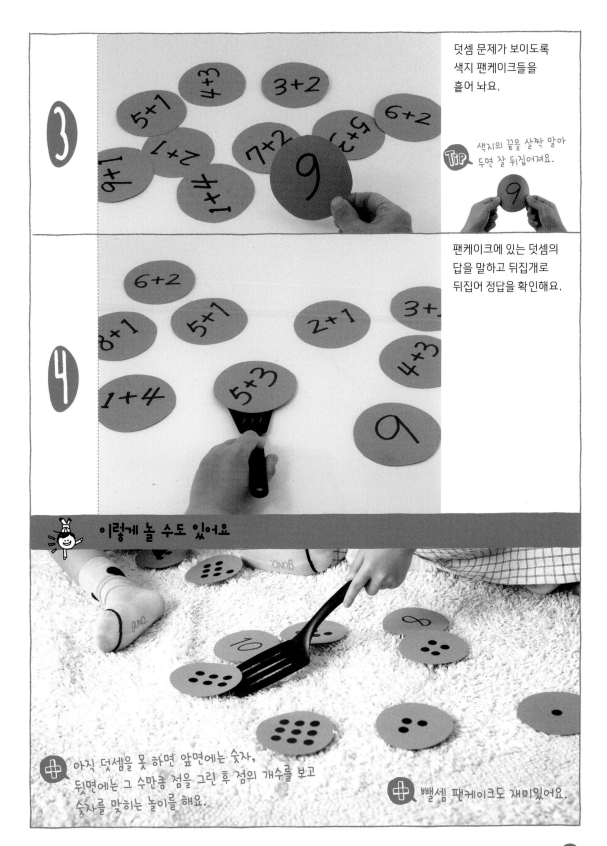

③

덧셈 문제가 보이도록
색지 팬케이크들을
흩어 놔요.

Tip 색지의 끝을 살짝 말아
두면 잘 뒤집어져요.

5+1
4+3
3+2
6+2
2+1
7+2
5+3
1+6
1+4
9

④

팬케이크에 있는 덧셈의
답을 말하고 뒤집개로
뒤집어 정답을 확인해요.

6+2
8+1
5+1
2+1
3+1
1+4
5+3
4+3
9

🐰 **이렇게 놀 수도 있어요**

➕ 아직 덧셈을 못 하면 앞면에는 숫자,
뒷면에는 그 수만큼 점을 그린 후 점의 개수를 보고
숫자를 맞히는 놀이를 해요.

➕ 뺄셈 팬케이크도 재미있어요.

미니카 주차장

집 안 여기저기 굴러다니는 미니카를 한곳에 모아 놓을 수 있는 주차장을 만들어 봅니다. 미니카에 붙인 수와 같은 수가 쓰인 주차 칸에 미니카를 넣으면서 10 이상의 수도 자연스럽게 익힐 수 있습니다.

박스지

사인펜

박스테이프

미니카 여러 개

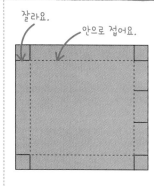

잘라요.

안으로 접어요.

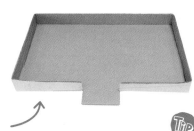

박스지를 그림처럼 자르고 접은 후 테이프로 붙여서 주차장 바닥을 만들어요.

 큰 상자를 잘라 써도 좋아요.

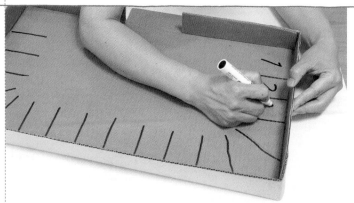

주차장 바닥에 미니카 너비만큼 칸을 그리고, 칸마다 숫자를 써요.

집 안의 미니카를 모두
모아 주차장에 넣을
준비를 해요.

이제 주차장 놀이를 해요.
"구급차를 숫자 8에 주차
해요", "분홍색 트럭은
숫자 10에 주차해요."
엄마가 얘기하는 곳에
미니카를 주차해요.

이렇게 놀 수도 있어요

➕ 자동차에 숫자를 써서 붙이고, 자동차의 숫자와
주차장 칸에 있는 숫자를 맞춰 봐요.

6번 트럭
자리는 어디지?

1번 트럭은
1번에 주차해요.

모자 낚시

자석이 철을 끌어당기는 성질을 이용한 놀이를 해 볼까요?
모자에 자석을 매단 후 모자 낚시를 하면 대부분의 아이들이
온몸을 들썩거리며 재미있게 놀 수 있어요. 공간감각과
신체조절력 등을 키울 수 있는 좋은 놀이입니다.

동전 자석	모루	아이 모자	집게	클립	셀로판테이프	유리병이나 컵

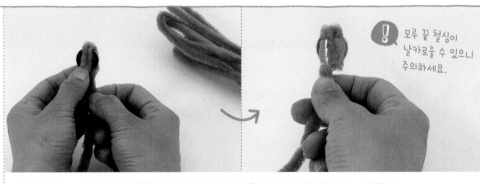

> ❗ 모루 끝 철심이
> 날카로울 수 있으니
> 주의하세요.

모루를 50cm 길이로 자른 후 한쪽 끝으로 동전 자석을 감고 셀로판테이프로 고정해요.

모루의 다른 한쪽 끝을
모자챙에 집게로 집어
고정해요.

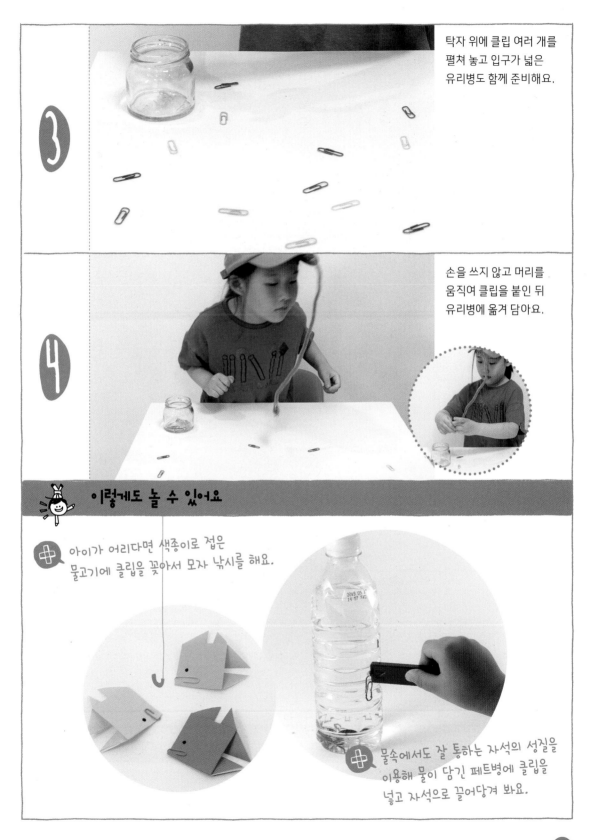

3

탁자 위에 클립 여러 개를
펼쳐 놓고 입구가 넓은
유리병도 함께 준비해요.

4

손을 쓰지 않고 머리를
움직여 클립을 붙인 뒤
유리병에 옮겨 담아요.

이렇게도 놀 수 있어요

아이가 어리다면 색종이로 접은
물고기에 클립을 꽂아서 모자 낚시를 해요.

물속에서도 잘 통하는 자석의 성질을
이용해 물이 담긴 페트병에 클립을
넣고 자석으로 끌어당겨 봐요.

둥실둥실 해파리

비닐봉지로 물속에서 둥실둥실 떠다니는 해파리를 만들어
봐요. 둥근 페트병을 통해 형태가 왜곡되는 해파리를
들여다보며 빛의 굴절에 대해서 경험할 수 있습니다.

비닐봉지	둥근 접시	칼	가위	끈	페트병	물	물감

1

비닐봉지를 평평하게 펼쳐 둥근
접시를 올린 후 칼로 잘라요.
접시는 지름 15cm 정도가
좋아요.

2

나중에 물을 넣어야 하니
살짝만 묶으면 돼요.

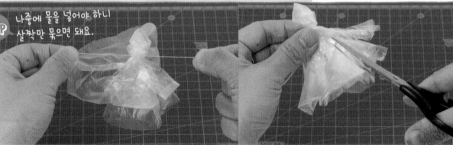

비닐 가운데를 잡아 올린 다음, 위에서 4cm
부위를 끈으로 묶어요.

해파리의 촉수가 될 반대쪽을 좁은 간격으로
잘라요.

③ 비닐봉지를 뒤집어 끈
사이로 물을 넣은 후,
다시 단단히 묶어요.

Tip 물에 뜨기 쉽도록 물을 가득
채우지 말고 공기 자리를
남겨둬요.

④

빈 페트병에 물을 채운 후
파란색 물감을 조금 섞어요.

페트병에 비닐봉지를 넣어요.

해파리가 둥둥!

 신나게 놀아요

페트병을 위아래로 흔들거나
뒤집으며 해파리의 움직임을
관찰해요.

 햇빛이나 손전등에 비추면
색다른 느낌의 해파리를
관찰할 수 있어요.

알록달록 나비

빛이 물체를 투과하면 어떻게 보이는지 관찰할 수 있는
탐구 놀이를 해 볼까요? 셀로판지로 색판을 만들어
빛에 비추면 알록달록 예쁜 나비가 나타납니다.

			풀			
도화지	사인펜	가위	풀	검은 색지	색 셀로판지	투명 파일

도화지에 커다란 나비를
그린 후 선대로 오려내요.

오린 나비를 검은 색지에
풀로 붙여요.

여러 가지 색의 셀로판지를 길쭉하게 자른 후 투명 파일에 끼워서 색판을 만들어요.

햇빛이 잘 비추는 곳을 찾아 바닥에 나비 그림을 놓고 색판을 통해 햇빛을 비춰 보아요.

이야, 나비가 알록달록해졌어!

 이렇게도 놀 수 있어요

종이 접시에 여러 가지 모양의 구멍을 뚫고 셀로판지를 붙여 햇빛에 비추며 관찰해 보아요.

 어떤 그림자가 생기나요? 바닥과의 거리나 각도에 따라 그림자의 모양과 색이 어떻게 달라지는지도 관찰해요.

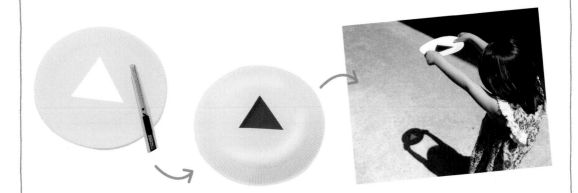

짜잔! 변신 유리병

빛의 굴절에 의해 상이 일그러지는 현상을 이용한 놀이를
해 봐요. 실제 모습과 달라지는 돼지의 모습을 보며
자연스럽게 굴절 현상에 대해 호기심을 가지게 됩니다.

	트레싱지	사인펜	둥근 유리병	셀로판테이프	물

트레싱지에 홀쭉 마른
돼지를 그려요.

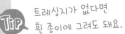 트레싱지가 없다면
흰 종이에 그려도 돼요.

그림을 자른 후 유리병
바깥에 붙여요.

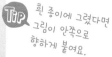 흰 종이에 그렸다면
그림이 안쪽으로
향하게 붙여요.

3

반대쪽에서 마른 돼지가
보이면 준비 완료.

4

물을 천천히 부으며 돼지가
어떻게 변하는지 관찰해요.

물이 들어간 부분만 살이 찌고
있어요.

물이 가득 차니 통통하게 살이
찐 돼지가 되었어요.

 신나게 놀아요

물을 채운 유리병으로 여러 가지를 들여다 봐요.
가까이도 놓아 보고 멀리도 놓아 봐요.
어떻게 달리 보이나요?

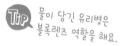 물이 담긴 유리병은
볼록렌즈 역할을 해요.

날씬해졌어!

통통해졌네!

잠자리 망원경

동그란 잠자리 눈은 수천 개의 눈이 모여 있는 겹눈이에요.
그래서 잠자리의 눈에는 세상이 모자이크 모양으로 보이지요.
빨대를 이용해서 잠자리 망원경을 만들고, 잠자리의 눈으로
보는 세상이 어떻게 다른지 이야기해 봅시다.

휴지 심

칼

양면테이프

색종이

종이 빨대 한 봉지

휴지 심을 반으로 잘라요.

❗ 칼 사용은 위험하니
어른이 도와주세요.

자른 휴지 심을 색종이나
종이테이프로 꾸미고,
두 개를 양면테이프로
나란히 붙여요.

③ 휴지 심 안에 넣을 빨대를 휴지 심 높이만큼 잘라요. 휴지 심 2개를 꽉 채울 수 있도록 넉넉하게 준비해요.

! 칼 사용은 위험하니 어른이 도와주세요.

④

자른 빨대를 휴지 심 안에 꽉 채워요.

잠자리 망원경이 완성되었어요.

 신나게 놀아요

잠자리 망원경으로 여기저기를 둘러보아요. 세상이 어떻게 보이나요?

이야, 잠자리 세상은 이렇구나!

탐구 놀이

오레오 달

오레오 쿠키를 이용해서 변하는 달의 모습을 한눈에
알아볼 수 있게 표현해 봐요. 달의 변화하는 모습을 정확히
관찰하고, 각각의 이름을 알아볼 수 있는 쉽고 재미있는
탐구 놀이입니다.

오레오

숟가락

둥근 접시

 1

둥근 접시 테두리를 따라
오레오 8개를 늘어놓아요.
밤하늘이니 이왕이면
검은색 접시가 좋겠지요.

 2

한 면에 크림이 온전히
남도록 조심스레
떼어내요.

숟가락으로 크림을 긁어
내어 달의 여러 모양을
표현해요.

TiP 평소 좋아하던 과학 그림책을
찾아 보여주면 더 좋습니다.

 신나게 놀아요

접시 위에 있는 달의 이름을 말해 보아요.
오늘 밤하늘에 뜬 달은 무슨 달일까요?

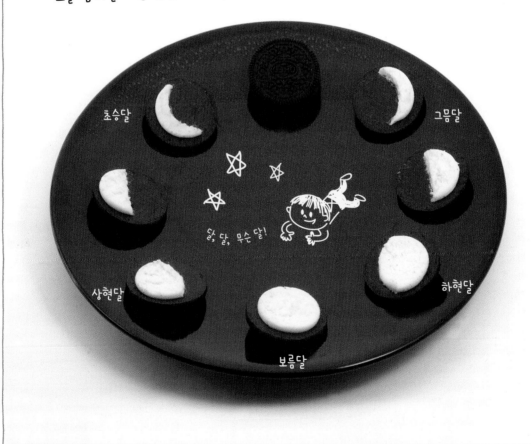

탐구 놀이

쉿! 비밀 편지

레몬즙으로 쓴 글자는 마르면 눈에 보이지 않아요. 그러나
열을 가하면 레몬에 있는 시트르산 때문에 갈색 글자가
나타나지요. 이 성질을 이용해서 아이들이 깜짝 놀랄만한
비밀 편지를 써 봐요.

레몬(레몬즙)

그릇

붓

도화지

가스레인지

자른 레몬을 꾹 짜서 즙을
내요.

 마트에서 파는 레몬즙을
써도 돼요.

붓에 레몬즙을 듬뿍
묻혀요.

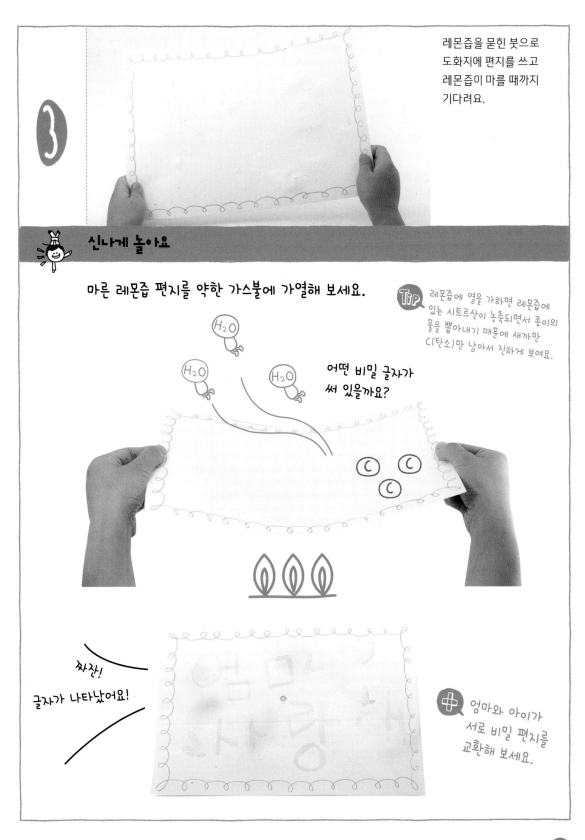

③ 레몬즙을 묻힌 붓으로 도화지에 편지를 쓰고 레몬즙이 마를 때까지 기다려요.

신나게 놀아요

마른 레몬즙 편지를 약한 가스불에 가열해 보세요.

Tip 레몬즙에 열을 가하면 레몬즙에 있는 시트르산이 농축되면서 종이의 물을 뽑아내기 때문에 새까만 C(탄소)만 남아서 진하게 보여요.

H_2O
H_2O H_2O

어떤 비밀 글자가 써 있을까요?

C C
C

짜잔!
글자가 나타났어요!

✛ 엄마와 아이가 서로 비밀 편지를 교환해 보세요.

슝~ 로켓 발사

페트병을 이용해서 로켓 발사대를 만들어 볼까요?
슝~ 로켓을 날리면서 보이지 않는 공기의 힘이 얼마나
센지 이야기하는 기회를 가져 보세요.

페트병	얇은 빨대	굵은 빨대	송곳	십자드라이버	양면테이프	가위	색종이	사인펜

1

 송곳을 뜨겁게 달구면
쉽게 구멍이 뚫어져요.

페트병 뚜껑에 송곳으로 구멍을
뚫어요.

십자드라이버로 얇은 빨대가
딱 꽂힐 만큼 구멍을 키워요.

얇은 빨대를 꽂아요.

2

굵은 빨대를 5cm 길이로
자르고, 한쪽 끝을
납작하게 눌러서
테이프로 막아요.

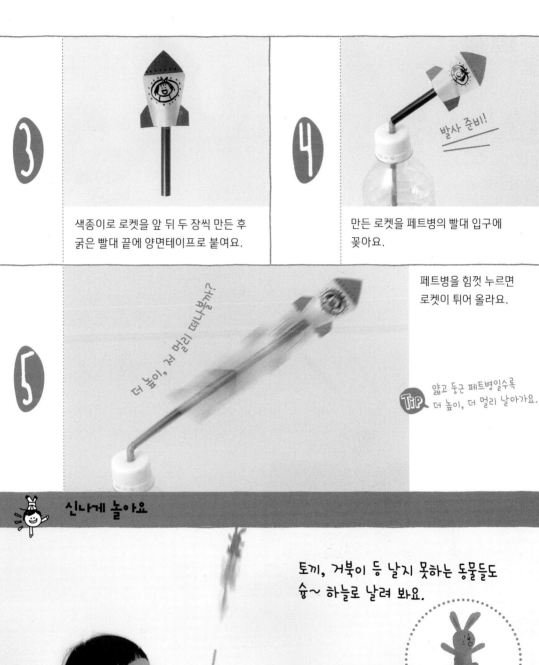

3 색종이로 로켓을 앞 뒤 두 장씩 만든 후 굵은 빨대 끝에 양면테이프로 붙여요.

4 만든 로켓을 페트병의 빨대 입구에 꽂아요.

발사 준비!

5 더 높이, 저 멀리 떴나봐까?

페트병을 힘껏 누르면 로켓이 튀어 올라요.

Tip 얇고 둥근 페트병일수록 더 높이, 더 멀리 날아가요.

신나게 놀아요

토끼, 거북이 등 날지 못하는 동물들도 슝~ 하늘로 날려 봐요.

씽씽 풍선 자동차

페트병과 풍선을 이용해서 공기의 힘으로 달리는 풍선 자동차를
만들어 봅니다. 만드는 과정이 다소 복잡하여 대부분 어른이
도와줘야 하지만 그 어떤 자동차 장난감보다 신나는
놀이가 가능합니다.

| 페트병 | 페트병 뚜껑 5개 | 송곳 | 꼬치막대 | 사인펜 | 종이컵 | 구부러지는 빨대 3개 | 가위 | 펜치 | 셀로판테이프 | 풍선 |

페트병 뚜껑 가운데에 송곳으로 구멍을 뚫어요.

뚜껑 2개에 꼬치 막대를 끼워요.

페트병 위에 종이컵이 절반 정도 들어갈 수 있는 크기의 구멍을 내요.

페트병 아랫면에 빨대가 통과할 수 있는 크기의 구멍을 뚫어요.

종이컵의 밑부분에도 빨대가 통과할 수 있는 크기의 구멍을 뚫어요.

페트병 너비 길이로 빨대 2개를 잘라요.

자른 빨대 2개를 페트병 아래에 적당한 간격을 두고 셀로판테이프로 붙여요.

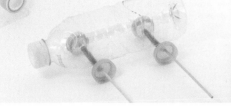
페트병 뚜껑을 꽂은 꼬치 막대를 빨대에 통과시킨 후 반대쪽에도 페트병 뚜껑을 꽂아요.

튀어나온 꼬치 막대를 가위나 펜치로 잘라내요.

구부러지는 빨대의 긴 쪽을 반으로 잘라요.

빨대 한쪽 끝에 풍선을 끼우고 바람이 새지 않도록 셀로판 테이프로 단단히 감아요.

종이컵에 풍선을 끼운 빨대를 통과시켜 생수통에 넣고 빨대 끝을 생수통 밖으로 빼내요.

신나게 놀아요

빨대로 풍선에 바람을 넣은 뒤 손으로 꼭 막고 내려놓아요.
풍선 속의 바람이 빠지면서 자동차가 앞으로 달려 나갑니다!

슝!

자연물 놀이

냠냠 찰흙 피자

아이가 찾아온 여러 가지 자연물을 찰흙에 토핑해서 멋진
찰흙 피자를 만들어 봅니다. 피자에 올릴 자연물을 찾으러
다니는 활동만으로도 신나는 시간을 보낼 수 있습니다.

찰흙　　　　여러 가지 자연물

피자 위에 올릴 여러 가지
자연물을 모아요.

나뭇잎, 꽃, 열매,
솔방울, 나뭇가지, 돌멩이,
무엇이든 좋아요.

찰흙을 둥글넓적하게
빚어서 피자 판을
만들어요.

③

모아 놓은 자연물을 찰흙
피자 판 위에 토핑으로
올려서 피자를 만들어요.

자연물 토핑을 올린
맛있는 피자 완성!
나무에 붙이면 멋진 그림
액자가 돼요.

밤 쭉정이 숟가락

알이 차지 않고 말라버린 밤 쭉정이도 좋은 자연물 장난감
소재가 됩니다. 얇은 나뭇가지를 끼워 숟가락을 만든 후
여러 가지 자연물을 모아서 소꿉놀이를 해 봅니다.

밤 쭉정이　　얇은 나뭇가지　　목공풀

밤 쭉정이와 손잡이로 쓸
얇은 나뭇가지를 주워요.

밤 쭉정이의 뾰족한 끝을
살짝 벌리고 나뭇가지를
끼워요.

Tip 손잡이가 빠지지
않도록 끼우기 전에
나뭇가지 끝에 목공풀을
바르면 좋아요.

초 간단 밤 쭉정이
숟가락 완성!

형태가 다른 숟가락
여러 개를 만들어요.

신나게 놀아요

나뭇잎, 열매 등을
모아 소꿉놀이를
해 봐요.

자연물 손수건

나뭇잎과 꽃잎을 모아서 흰 손수건을 염색해 봅니다.
비닐을 대고 문지르면 나뭇잎과 꽃잎에 있던 천연색소가
손수건에 물들어 예쁜 손수건이 완성됩니다.

흰 면 손수건   나뭇잎과 꽃잎   투명 파일   숟가락이나 동전

손수건에 물들이고 싶은
나뭇잎이나 꽃잎 등을
모아요.

TiP 싱싱한 나뭇잎과 꽃잎일수록
선명하게 물들어요.

딱딱한 받침에 손수건을
펼치고 그 위에 물들일
나뭇잎이나 꽃잎을
올려요.

그 위에 투명 파일을 올리고 손가락이나 동전으로 열심히 문질러요.

원하는 모양대로 손수건을 꾸미고 손수건에 붙은 나뭇잎과 꽃잎을 떼요.

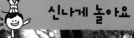

신나게 놀아요

나무에 걸어 물기를 말린 뒤 스카프로 써 봐요.

돌멩이 미로

돌멩이를 넉넉하게 준비해서 여러 가지 모양의 선을 그려 주면
다양한 미로를 만들어 낼 수 있습니다. 직접 복잡한 미로를
설계해 보는 것은 아이의 사고력과 공간지각력 발달에
큰 도움이 됩니다.

돌멩이   흰색 페인트마커

표면이 매끈하고 납작한
돌멩이를 20개 이상
모아요.
깨끗이 씻어 말린 돌멩이에
흰색 페인트마커로
여러 가지 모양의 선을
그려요.

선을 옆면과 뒷면까지
연결해서 그려요.
선을 그린 돌멩이가 많을
수록, 선의 모양이 다양할
수록 재미있는 미로를
만들 수 있어요.

③

돌멩이와 돌멩이를 선에
맞추어 늘어놓아요.

④

돌멩이의 선을 계속 연결
해서 재미있는 미로를
만들어요.
돌멩이를 어떻게
놓느냐에 따라 다양한
미로를 만들 수 있어요.

 신나게 놀아요

곤충 장난감을 가지고 돌멩이 미로를 따라가요.

흙 이름표

흙이나 모래를 조물거리다 보면 아이의 소근육이 발달하며,
스트레스 해소에도 도움이 됩니다. 흙을 가지고 놀다가
풀로 쓴 글씨나 그림에 흙을 뿌려서 의미 있는 작품을
만들어 봅시다.

종이(엽서 크기)   목공풀   흙

1

종이에 목공풀로 이름을
써요.

2

풀이 마르기 전에 종이
위에 흙을 뿌려요.

Tip 풀을 바른 곳에 꼼꼼하게
흙을 뿌려야 글씨가 잘
드러나요.

조심조심 흙을 털어내면
흙 이름이 나타나요.

종이에 꽃이나 풀 등의
자연물을 올려 장식해요.

신나게 놀아요

이름뿐만 아니라
좋아하는 그림을 그려도
좋아요. 액자에 넣으면
멋진 장식물이 됩니다.

나뭇잎 가면

숲에서 나뭇잎을 모아 나뭇잎 가면을 만들어 봅니다.
가면을 쓰고 내가 아닌 다른 사람이 되어 보는 경험은
대상에 대해 더 깊이 생각하고 이해하는 계기가 되어
사회성 발달에 도움이 되며, 아이의 상상력도 키워 줍니다.

| 도화지 | 고무줄 | 연필 | 가위 | 송곳 | 나뭇잎 | 목공풀 | 칼 |

도화지에 아이 얼굴에 맞는 크기의 가면을 그려
오려요.

가면 옆에 송곳으로 구멍을 내고 양 끝을 고무줄로
묶어요.

나뭇잎을 넉넉하게 모아
두고 목공풀도 준비해요.

3 가면 앞에 목공풀로
나뭇잎을 붙여요.

4

！ 칼 사용은 어른이
도와주세요.

종이가 안 보이게 나뭇잎을 꼼꼼히 붙인 뒤 뒤집어서 눈구멍 부위의 나뭇잎을 칼로 도려내요.

신나게 놀아요

커다란 나뭇잎이나
낙엽은 눈구멍만 내도
멋진 가면이 돼요.

나뭇잎 가면을 쓰고
숲의 요정이 되어
보아요.

쓱쓱 솔잎 붓

세밀한 손 조작 능력이 부족한 아이들에게는 붓으로 그림을
그리는 것이 어렵습니다. 그렇다면 아예 마음껏 쓱싹쓱싹
칠할 수 있는 붓을 만들어 주면 어떨까요? 떨어져 있는 솔잎을
모아서 붓을 만들어 큰 도화지를 자유롭게 색칠해 봅니다.

솔잎	나뭇가지	노끈	도화지	물감

1

한 뼘 길이의 나뭇가지와
땅에 떨어진 솔잎을 모아
준비해요.

2

솔잎 한 움큼을 모아 쥐고
가운데에 나뭇가지를
끼워서 노끈으로 단단히
감아요.

③ 노끈을 꽉 묶으면 솔잎 붓 완성!

④ 솔잎 붓에 물감을 묻혀 도화지에 칠해 보아요.

신나게 놀아요

솔잎 외의 다른 잎으로도 붓을 만들어 보아요.

Tip 붓마다 어떻게 다른 선이 그려지는지 관찰해 볼까요?

자연물 놀이

봄꽃이 활짝

봄소식을 알려 주는 봄꽃은 아쉽게도 빨리 떨어지지요.
꽃나무 아래 떨어진 꽃잎을 주워서 그림을 그려 보며
특별한 봄 추억을 만들어 봅니다.

검은색 도화지	흰색 크레파스	꽃잎	풀

 1

꽃이 질 때 떨어지는
꽃잎을 모아요.

 여러 종류의 꽃잎을
모아서 관찰하는
시간을 가져도 좋아요.

2

검은색 도화지에 흰색
크레파스로 나무줄기와
가지를 그려요.

꽃잎을 붙이고 싶은 자리에
풀을 바르고 꽃잎을
붙여요.

나무 가득 꽃잎을 붙여
꽃나무를 완성해요.

신나게 놀아요

우리 집에
봄꽃이 활짝
피었어요!

꽃잎 대신 계절에 맞는
나뭇잎으로 나무를 꾸며도 좋아요.

나뭇잎 그림 노트

여러 가지 나뭇잎을 모아서 나뭇잎 노트를 만들어 봅니다.
나뭇잎을 찾는 과정에서 자연을 관찰하고 탐구할 수 있으며,
나뭇잎에 다양한 그림을 그리면서 상상력을 키울 수 있습니다.

스프링 노트　　투명 박스테이프　　마커　　나뭇잎

다양한 종류의 나뭇잎을
모아 준비해요.

노트 한 장에 나뭇잎
하나씩을 잘 펴서
투명 박스테이프로
코팅하듯 붙여요.

Tip 노트에 붙이기 전에
나뭇잎을 눌러서 말려 주면
좋아요.

마커로 나뭇잎 위에
재미있는 그림을 그려요.

3

보드용 마커를 이용하면 지우고
다시 그릴 수도 있어요.

다양한 모양의 눈 스티커를
활용하면 더 재미있어요.

신나게 놀아요

여러 가지 나뭇잎을 이용해서
멋진 그림을 그려 보아요.

구멍 난 잎은 더 재미있는
그림 소재가 되어요.

샤랄라,
예쁜 치마가
되었어요.

어흥!

아빠 사자의
갈기가 되었어요.

계절별로 달라지는 나뭇잎을
모으면 훌륭한 나뭇잎 관찰
노트가 돼요.

자연물 놀이

들꽃 위빙

손으로 직접 실을 엮어 보는 것을 위빙이라고 합니다.
아이와 함께 나뭇가지 틀에 실과 자연물을 엮어서 위빙을 해
보세요. 완성한 틀을 아이 방에 걸면 멋진 장식물이 됩니다.

긴 나뭇가지	굵은 실	가위	여러 가지 풀과 꽃

틀을 만들기에 적당한
나뭇가지와 굵은 실을
준비해요.

나뭇가지 4개를 사각형
모양으로 놓고 네
모퉁이를 실로 단단히
묶어요.

③

사각 틀 한쪽 끝에 실을
묶고 위아래로 왔다 갔다
하면서 실을 감아요.

④

사각 틀을 촘촘히 채운
다음 실이 풀리지 않도록
고정해요.

Tip 산에서 아이가
직접 해도 좋아요.

🐰 **신나게 놀아요**

완성된 틀에
여러 가지 들풀과 꽃,
나뭇잎 등을 엮어
장식해요.

도토리 악어

찰흙은 자연물과 가장 잘 어울리는 재료입니다.
가을 산에서 구하기 쉬운 도토리와 나뭇가지를 찰흙에
박아 주기만 해도 멋진 작품을 만들 수 있습니다.

찰흙	도토리	커피 원두나 콩	나뭇가지

찰흙을 빚어 악어 모양을
만들어요.

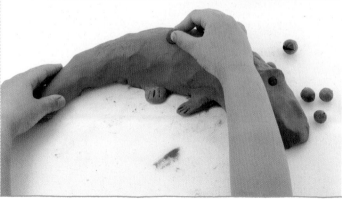

커피 원두나 콩을 박아
악어의 눈을 만들고,
등에 울퉁불퉁
도토리를 박아요.

악어 등에 도토리를 가득 박으면 도토리 악어 완성!

오돌토돌 악어 등!

신나게 놀아요

도토리 대신
나뭇가지를 가득 꽂아
귀여운 고슴도치를
만들어 봐요.

찰흙 마을

찰흙에 여러 가지 자연물을 더하여 멋진 건물을 만들어 봅니다.
단순한 듯 보이지만 아이에게 공간적 상상력을 구체화하여
키워줄 수 있는 좋은 활동입니다.

찰흙

여러 가지 자연물

건축물의 재료가 될
여러 가지 자연물을
모아요.

Tip 기다란 나뭇가지와
함께 나뭇잎, 꽃,
열매, 솔방울, 돌멩이
등을 주워요.

찰흙을 둥글넓적하게
빚어서 밑바탕을
만들어요.

나뭇가지를 세로로 세워
기둥을 만들어요.

꽃과 나뭇잎, 솔방울
등으로 멋지게 장식해요.

신나게 놀아요

집도 짓고 탑도 쌓고 가게도 만들고...
여럿이 함께 멋진 마을을 지어 봐요.

엄마표 NO! 활용도100% 아이 주도 놀이 160

아이 중심 창의 놀이

초판 1쇄 발행 2019년 7월 15일
초판 3쇄 발행 2020년 9월 10일

지은이 | 최연주, 정덕영

펴낸이 | 박현주
디자인 | 인앤아웃
편집 | 김정화
사진 | 정덕영, 홍덕선, 정기훈
아이 모델 | 강재원, 신희원, 신희은, 이누엘, 이루야, 정다은, 정지유
마케팅 | 유인철
인쇄 | 미래피앤피

펴낸 곳 | ㈜아이씨티컴퍼니
출판 등록 | 제2016-000132호
주소 | 서울시 강남구 논현로20길 4-36, 202호
전화 | 070-7623-7022
팩스 | 02-6280-7024
이메일 | book@soulhouse.co.kr

ISBN | 979-11-88915-17-0 13590